Las grandes

civilizaciones

Los mayas

Las grandes civilizaciones

Los mayas

$5.95
CENTRAL   31994014249111

EDICIONES VIMAN, S.A. DE C.V.
COSECHADORES #13, COL. LOS CIPRESES
09810, D.F.

1a. edición, julio 2006.
2a. edición, septiembre 2007.

© Los mayas

© 2007, Ediciones Viman, S.A. de C.V.
Cosechadores #13, Col. Los Cipreses
09810, México, D.F.
Tel. 20 65 33 94
ISBN: 968-9120-30-1
Miembro de la Cámara Nacional
de la Industria Editorial No 3427

Proyecto: Sandra E. Garibay Laurent
Diseño de portada: Emigdio Guevara
Formación tipográfica: Sandra E. Garibay Laurent
Supervisor de producción: Leonardo Figueroa

Impreso en México - Printed in Mexico

Introducción

En la actualidad, la cultura maya está considerada como una de las civilizaciones más avanzadas del mundo antiguo.

A lo largo de sus más de cuatro mil años de existencia, fue creando y perfeccionando las más diversas y extraordinarias manifestaciones culturales tales como la arquitectura, la escultura y la pintura, mismas que hoy podemos admirar gracias a las innumerables muestras de sus formidables pirámides, altares, murales y códices, entre otros objetos.

Sin embargo, los mayas también lograron importantes avances en el área de las ciencias, particularmente en las matemáticas, la astronomía y en el uso del calendario, esto sin mencionar que los vestigios de sus ciudades, templos, palacios y estelas, siguen causando gran admiración y asombro.

La civilización maya se desarrolló en un territorio de aproximadamente 400,000 kilómetros cuadrados, cubriendo la península de Yucatán, el estado de Quintana Roo, buena parte de los estados de Tabasco y Chiapas en México; Guatemala, Bélice, la parte occidental de El Salvador y Honduras, y una pequeña parte de Nicaragua

Este territorio presenta una rica variedad geográfica: montañas, pantanos, planicies, selvas tropicales, bosques de altura, etcétera, por lo que climas, suelos, lluvias y vegetaciones diferentes, albergaron diversos grupos étnicos, lenguas y estilos de vida que integraron la gran familia maya.

Los mayas y sus descendientes han ocupado este territorio desde hace aproximadamente 5,000 años; sin embargo, la civilización maya probablemente se remonte a tiempos mucho más antiguos.

Por todo lo anterior, esta cultura es sin duda una de las preferidas de los arqueólogos y antropólogos de todo el mundo y por que no decirlo, de todos aquellos amantes de la historia quienes en su afán de conseguir una respuesta a la incógnita del origen del hombre en América (entre muchas otras interrogantes), tienen la esperanza de recorrer el velo de lo inexplicable que cubre desde hace cientos de años las huellas de los mayas.

Origen del pueblo maya

El origen de los mayas sigue siendo un misterio, al igual que el de la mayoría de los pueblos americanos de la antigüedad. Se han manejado multitud de teorías que intentan explicar su procedencia, pero hasta el presente nada se ha podido establecer con suficiente claridad.

Se cree que los primeros pobladores del continente americano llegaron hace por lo menos 50,000 años, a través del estrecho de Bering, pasando desde Siberia hasta Alaska, aunque es posible también que algunos asentamientos hubieran llegado por vía marítima. A pesar de la falta de animales de transporte y de vehículos rodantes, los grupos humanos viajaron a lo largo del continente en un tiempo relativamente corto.

Los arqueólogos han descubierto que algunos cazadores nómadas hallaron refugio en las cuevas de Loltún hace 7,000 años, dejando para la posteridad pinturas rupestres y huesos de mamut, bisonte y ciervo. Loltún está localizado en las colinas Puuc, 110 kilómetros al sur de Mérida rumbo a Oxkutzab. Su nombre significa "flor de piedra", en referencia a las formaciones de estalactitas y estalagmitas existentes en diferentes cámaras, en algunas de las cuales hay techos abiertos que permiten la entrada de luz.

Sin embargo, hasta antes de 2000 a.C. el área maya se encontraba escasamente ocupada; esta época corresponde al Periodo Arcaico, que duró varios miles de años. Aunque existen evidencias del cultivo de plantas durante el Arcaico, este hecho no condujo a la creación de asentamientos sedentarios.

La zona maya

Considerando los indicadores geológicos y climáticos, existen dos regiones en el área maya, la de las Tierras altas y la de las Tierras bajas. Aunados a estos indicadores, los factores culturales y el desarrollo histórico, hacen que el territorio maya se divida en tres zonas, a las que por su ubicación se les denomina: Sur, Central y Norte.

Localización de la zona maya

Zona Sur.- La zona Sur incluye las Tierras altas de Chiapas y Guatemala y una zona contigua de El Salvador, más una faja adyacente de litoral del Océano Pacifico de 40 a 50 kilómetros, con características geográficas que contrastan con el resto del área. Las Tierras altas están formadas por sierras montañosas de origen volcánico de más de 3,000 metros de altura, en las que nacen los ríos Usumacinta y Motagua y se encuentran los lagos Atitlan y Amatitlan.

Zona Central.- La zona Central, llamada también de las Tierras bajas, se extiende desde la vertiente norte de las serranías de Chiapas, Guatemala y Honduras, y tiene como centro la meseta de El Peten en Guatemala, donde las aguas que bajan de las Tierras altas forman dos sistemas fluviales, al poniente el del río Usumacinta y al oriente el del río Motagua; al norte comprende la zona de Belice, Tabasco, y la parte sur de los estado de Campeche y Quintana Roo.

Zona Norte.- La zona Norte abarca la mitad norte de la península de Yucatán, es decir, el estado de Yucatán y la mayor parte de los estados de Campeche y Quintana Roo. Esta zona es una extensa planicie interrumpida por ligeras elevaciones de la cordillera Puuc que corre paralela a la costa de Champotón y Campeche, de donde se prolonga hacia el noroeste de Maxcanú y de ese punto al sureste de Tzucacab, estos dos últimos sitios ubicados en el estado de Yucatán. En esta región no hay ríos y el agua superficial es sumamente escasa, carencia que aumenta a medida que se avanza hacia el norte. La ausencia de agua en la superficie es compensada, en cierta medida, por las aguadas (cenotes abiertos), sartenejas y cenotes (mantos acuíferos subterráneos), junto a las cuales se asentaron numerosas poblaciones, así como depósitos artificiales de agua llamados "chultunes".

Períodos culturales

Desde sus inicios en sencillas colonias los mayas lograron construir una sociedad sofisticada, productiva y brillante que llegó a su forma urbanizada más característica, durante los mil años de nuestra era.

El desarrollo de la cultura maya a lo largo de su historia se encuentra bien definido y ha sido clasificado para su estudio en las siguientes etapas:

Preclásico Temprano (1500-800 a.C.).- Se inicia la vida agrícola. El sitio conocido más antiguo de esta etapa es La Victoria, situado en la costa guatemalteca del Océano Pacífico.

Se trata de una pequeña aldea con escasa población, de nivel tecnológico rudimentario, con una economía de autosuficiencia y con base en la familia como forma de organización social. Practicaban ritos mágicos para obtener buenas cosechas y rendían un culto sencillo a los muertos.

Preclásico Medio (800-300 a.C.).- En esta etapa se da un crecimiento de la población, por lo que aumenta el número de pueblos y aldeas mayas. Surge un pequeño grupo de personas que pretendiendo poseer poderes sobrenaturales se separa del grupo productivo para dedicarse a actividades "mágicas". En cada pueblo o aldea se construyó un local especial para dichas actividades, el cual consistía en una choza mayor a las demás, edificada sobre una plataforma, esto fue el origen de lo que más tarde serían los centros ceremoniales. Durante este periodo llegaron al área maya grupos olmecas (cultura establecida en la costa del Golfo de México), quienes aportaron valiosos conocimientos como el calendario, una incipiente escritura y el culto al jaguar.

Preclásico Tardío (300 a.C. - 300 d.C.).- La población siguió creciendo. La diferenciación social fue precisándose, y el grupo de magos y hechiceros se convirtió en una clase superior que ya no sólo era el canal de comunicación con las fuerzas naturales y los dioses, sino que también gobernaba al pueblo.

Los centros ceremoniales fueron adquiriendo importancia y las chozas-templo se edificaron sobre pirámides. Comienza la elaboración de estelas y altares que simbolizaban a los dioses y a sus representantes humanos.

El sitio de Izapa, localizado a 10 kilómetros de Tapachula, Chiapas, que fue un importante centro ceremonial y comercial de la época, muestra la transición entre la cultura olmeca y la cultura maya. En la actualidad sus vestigios aparecen como montículos de tierra y plataformas de cantos rodados. Las estructuras que rodean plazas antiguamente sustentaron templos, en muchas de las cuales se encuentran estelas de piedra labradas, además de altares y otros monumentos pétreos; entre estos últimos se encuentran esferas de piedra sobre columnas, posibles representaciones solares.

La élite gobernante mandaba hacer esculturas en su honor y ordenaba ricas ofrendas para sus funerales. La choza dejó lugar a una construcción con muros de mampostería con techo de palmas.

En el Petén florecieron las ciudades de Tikal y Uaxactún, Kaminaljuyú destacó en los Altos guatemaltecos y Dzibilchaltún, Acanceh, Izamal y Maní, lo hicieron en Yucatán

Clásico Temprano (300-600 d.C.).- La cultura maya llegó a su esplendor durante este periodo. La agricultura había progresado en algunas regiones debido al uso de terrazas de cultivo y canales de riego.

El crecimiento demográfico expresado en la fuerte expansión de los centros habitacionales y el crecimiento de los que ya existían.

El comercio interno y externo contribuyó al impulso económico. En arquitectura se inició el uso del techo de bóveda falsa, tan característico de la arquitectura maya. Hubo un gran desarrollo en la astronomía, las matemáticas, la escritura y el calendario, aunque estos eran elementos de poder de la clase dominante, la cual integraba una teocracia, en donde lo religioso y lo civil estaban íntimamente ligados.

Florecieron grandes centros que se engrandecieron con pirámides, templos, palacios y numerosos monumentos de piedra y pinturas murales que glorificaban a los dioses.

Entre las ciudades importantes de esta etapa encontramos: Tikal, Uaxactún, Calacmul, Dzibilchaltún, Oxkintok, Izamal, Acanceh etcétera.

Clásico Tardío (600-900 d.C.).- En este periodo las ciudades del área central alcanzaron su momento de mayor belleza arquitectónica, entre ellas destacaron Copán y Palenque, sobresaliendo ésta última tanto por su belleza como por su desarrollo sociopolítico.

De igual manera, en el norte de Yucatán, las ciudades de Uxmal, Kabah y Labná, entre otras, alcanzaron su apogeo, desarrollando además un estilo arquitectónico muy característico de la región, el estilo *Puuc*, el cual se extendió tanto hacia el este como al oeste. Las características principales de este estilo son los revestimientos de cuadros muy delgados de piedra caliza sobre el núcleo de mampostería, piedras de bóveda en formas de cuña, cornisas decoradas, columnas redondas en los portales, medias columnas empotradas, repetidas en varias filas; y el empleo exuberante del mosaico de piedra en las fachadas superiores, con la reiteración de las caras ordinarias de la serpiente del cielo, con largas narices en forma de gancho, así como grecas y diseños semejantes a celosías.

El arte maya tiene sus mejores representaciones durante este periodo, por ejemplo, se erigieron numerosas estelas por todos los sitios, principalmente los del área central, en donde los escultores mayas se revelan como maestros del bajorrelieve. En pintura, los murales de Bonampak, que datan del año 800 d.C., son una obra maestra que relata la historia de una batalla, de su secuela y de los festejos por la victoria. En cuanto a cerámica, los alfareros mayas lograron efectos cromáticos de gran brillantez en sus vasijas, las piezas multicolores del Clásico Tardío a veces estaban pintadas con la misma pericia narrativa con que se realizaban las pinturas murales. En Yucatán había una cerámica de color gris pardusco o café, llamada pizarra, de diseño sencillo pero de una gran durabilidad, lo que deja patente una evolución en la alfarería.

Cronología de los antiguos mayas

Arcaico	antes del 2000 a.C.	Recolectores
Preclásico temprano	2000 a.C. - 1000 a.C.	Inicio colonias agrícolas
Preclásico medio	1000 a.C. - 300 a.C	Expansión tierras bajas
Preclásico tardío	300 a.C. - 250 a.C.	Primeros centros urbanos
Clásico temprano	250 a.C. - 600 a.C.	Monumentos fechados
Clásico tardío	600 a.C. - 900 d.C	Apogeo de los centros urbanos
Clásico terminal	900 a.C. - 1000 d.C.	Abandono de los centros clásicos
Posclásico temprano	1000 d.C. - 1250 d.C.	Reubicación de la población
Posclásico tardío	1250 d.C. - 1521 d.C.	Centros regionales rivales
Invasión española	1521 d.C. - 1685 d.C.	Conquista

Posclásico Temprano (1000-1250 d.C.).-Es en esta etapa donde la brillante civilización maya se colapsa en el área central. Para explicar este fatal acontecimiento se han sugerido diversos fenómenos naturales: cambios climáticos o terremotos; plagas y epidemias que provocaron el abandono de los sitios; el agotamiento de los suelos por el sistema agrícola utilizado, así como la intrusión de creencias extranjeras o la invasión de grupos portadores de una cultura no maya.

Un eminente arqueólogo, especializado en la cultura maya, considera que el colapso del área maya central pudo haberse debido a pugnas internas entre la clase dominante y la población campesina, que culminaron con la aniquilación de la primera. Por lo tanto, las actividades culturales cesaron y los pueblos carentes de dirigentes aptos no pudieron organizar un nuevo sistema. Se limitaron a ocupar los edificios destinados al culto y a la residencia de los señores y probablemente volvieron a un régimen semejante al que prevalecía en el preclásico inferior, sobreviviendo hasta la conquista española, con una economía de autosuficiencia y un sistema social comunitario.

Pero mientras el área central llegaba a su ocaso, en los Altos de Guatemala y en el norte de Yucatán se sucedían una serie de invasiones procedentes de la frontera occidental y del altiplano mexicano que dieron lugar a una cultura híbrida, maya-náhuatl.

Los primeros en llegar fueron los *chontales* o *putunes*, en Yucatán, los cuales al final del periodo clásico se habían internado hasta el Petén; les siguieron los *itzáes*, quienes arribaron a la costa oriental por vía marítima; posteriormente arribaron los *xiues*; y finalmente otra oleada dirigida por el jefe y sacerdote tolteca *Quetzalcoatl*, quien había sido expulsado de Tula en el año 987 d.C. y que fue conocido en la zona maya con el nombre de *Kukulcán*.

El comercio con el centro de México y América Central recibió un fuerte impulso. La producción artesanal, la extracción de sal, la producción de miel, copal, algodón y cacao se incrementaron; los grandes mercaderes estaban ligados con la nobleza. Yucatán tuvo un extraordinario auge cultural, principalmente en la ciudad de Chichén Itzá.

Se modificaron conceptos religiosos y algunas expresiones estéticas. La presión sobre la clase productiva aumentó, siendo ejercida ahora por los militares junto con el sacerdocio, la aristocracia y los comerciantes. Esta presión se piensa pudo culminar en algún movimiento de violencia que llevó a Chichén Itzá a un trágico final hacia el año 1250 d.C.

Posclásico Tardío (1250-1524/1541).- En ésta última etapa de la gran cultura maya, se dio una desintegración económica, política y cultural de la sociedad entera, la cual se encontraba organizada en cacicazgos que peleaban constantemente entre ellos. El clima bélico obligó a construir murallas alrededor de las ciudades (Mayapán, Tulum, etcétera).

La ciudad de Mayapán dominó el norte de Yucatán y desarrolló un intenso comercio con Centroamérica a través de puertos de intercambio escalonados sobre la costa oriental.

Las contradicciones del sistema agravadas por las presiones militares, la presión mercantil y las luchas entre los cacicazgos, produjeron otra revuelta, y en una cruenta acción, la familia de los *Cocom*, que gobernaba Mayapán, fue aniquilada y la ciudad arrasada.

Ochenta años más tarde, un grupo de extranjeros procedente de otro continente, los españoles, invadieron la zona maya e impusieron su dominio, poniendo fin así a tres mil años de desarrollo de una de las civilizaciones más sorprendentes de la historia antigua.

Dioses y religión

Los antiguos mayas, al igual que la mayoría de otros pueblos de su tiempo, tenían una religión politeísta basada en los atributos de la naturaleza y el espacio, así un dios podía ser identificado con el agua, el viento, la tierra, un animal e incluso con la muerte.

Todas las creencias culturales de los mayas estaban fundamentadas en una concepción religiosa del mundo, ya que éste era concebido de origen divino.

La historia maya de la creación de los quiché (el pueblo quiché es uno de los pueblos mayas nativos del altiplano guatemalteco) es narrada en el *Popol Vuh*. En dicha obra se describe la creación del mundo a partir de la nada por la voluntad de los dioses.

Los dioses de la creación

Tres dioses realizaron el primer intento para crear al hombre, lo hicieron a partir del fango, sin embargo pronto vieron que sus esfuerzos desembocaron en el fracaso, ya que sus "creaciones" no se podían sostener por ser de un material muy blando. Los tres dioses fueron:

Gucumatz.- Dios de las tempestades. Creó vida por medio del agua y enseñó a los hombres a producir fuego, también se le llamaba *Gucamatz*

Huracan.- Dios del viento, de la tormenta y del fuego, en lenguaje maya, *huracan* significa "el de una sola pierna". Fue también uno de los trece dioses creadores que ayudaron a construir la humanidad en el tercer intento. Además provocó la Gran Inundación después de que los primeros hombres enfurecieron a los dioses. Supuestamente vivió en las neblinas sobre las aguas torrenciales y repitió "tierra" hasta que la tierra emergió de los océanos. También era conocido como: *Hurakan, Huracán, Tohil, Bolon Tzacab* y *Kauil*.

Tepeu.- Dios del cielo y uno de los dioses creadores que participó en los tres intentos de crear a la humanidad.

Los siete segundos dioses creadores

Después del primer intento fallido, siete dioses decidieron crear al hombre utilizando un material más firme, por lo tanto lo crearon con madera, sin embargo, su creación carecía de alma. Los dioses participantes en este intento fueron: *Alom, Bitol, Gucamatz, Huracan, Qaholom, Tepeu* y *Tzacol*.

Los trece últimos dioses creadores

Trece dioses se reunieron en un tercer intento por crear al ser humano, esta vez lo hicieron a partir del maíz y finalmente lograron obtener éxito donde los otros dioses habían fracasado, los nombres de los dioses creadores del hombre son: *Ajbit, Ajtzak, Alom, Bitol, Chirakan-Ixmucane,*

Gucumatz, Hunahpu-Gutch, Huracan, Ixmucane, Ixpiyacoc, Tepeu, Tzacol y Xumucane.

Después de la historia de la creación, el *Popol Vuh* narra las aventuras de los héroes gemelos legendarios, *Hunahpú* e *Ixbalanqué*, que derrotaron a los *Señores de Xibalbá*.

Para los mayas el universo estaba constituido por tres grandes partes que son: el cielo, la tierra y el inframundo.

En el cielo, dividido en trece estratos o niveles, residían los astros, que eran dioses como *Ixchel* (la Luna) y *Nohok Ek* (Venus). El espacio celeste estaba representado por *Itzamná* (hijo de *Hunab Ku*), el dragón que se muestra como una serpiente emplumada de dos cabezas o un dragón. Este dios, que era el dios supremo en la religión maya, simbolizaba la energía fecundante del cosmos, que infunde vida a todo el universo.

La Tierra era una plancha plana que flotaba sobre el agua; pero también se concebía como un gran cocodrilo o lagarto en cuyo dorso crecía la vegetación. Los mayas yucatecos la llamaron *Chac Mumul Aín*, "gran cocodrilo lodoso".

El inframundo estaba habitado por los señores malignos de la mitología maya. Se decía que el camino hacia esta tierra estaba plagado de peligros, era escarpado, espinoso y estaba prohibido para los extraños. Este lugar era gobernado por los señores demoníacos *Vucub-Camé* y *Hun-Camé*. Los habitantes de *Xibalbá* eran doce: *Hun-Camé, Vucub-Camé, Xiquiripat, Chuchumaquic, Ahalpuh, Ahalcaná, Chamiabac, Chamiaholom, Quicxic, Patán, Quicré y Quicrixcac*.

Otros dioses importantes

Ah Mun: dios del maíz. Se le representa como un joven que lleva una mazorca de maíz.

Ahau Kin: dios del sol. Se le representa como un viejo de ojos cuadrados.

Ah Muzenkab: dios de las abejas y la miel.

Ah Puch: dios de la muerte.

Bolon Dzacab: dios relacionado con los linajes reales.

Buluc Chabtan: dios de la guerra y de los sacrificios *humanos.*

Chac: dios de la lluvia. Se le representa como un anciano con un ojo de reptil, una nariz larga enrollada y dos colmillos. Aparece con frecuencia en la decoración, debido a la importancia de la lluvia para las cosechas.

Chac Bolay: dios jaguar del inframundo.

Ek Chuach: dios de los mercados. Se le suele representar, entre otras cosas, con una bolsa en la espalda.

Dios de la muerte   Itzamna   Dios Chac   Dios del Maíz

Los *Bacabs*

Los mayas creían que la Tierra era plana con cuatro esquinas. Cada esquina representaba una dirección cardinal. Cada dirección tenía un color: Este-rojo; Norte-blanco; Oeste-negro; Sur-amarillo. El verde era el color del centro. En cada esquina había un jaguar de diferente color que sostenían al cielo. Los jaguares eran llamados *Bacabs*, quienes eran hijos de los dioses *Itzamna* e *Ixchel*.

Bacab	Punto Cardinal	Color	Años
Hozanek	*Sur*	*Amarillo*	Cauac
Hobnil (Chac)	*Este*	*Rojo*	Kan
Zac Cimi	*Oeste*	*Negro*	Ix
Can Tzicnal	*Norte*	*Blanco*	Mulac

Se pueden encontrar referencias a los *Bacabs* en los escritos del historiador del Siglo XVI, Diego de Landa y en las historias mayas coleccionadas en el libro *Chilam Balam*.

En algún momento, los *Bacabs* se relacionaron con la figura de *Chac*, el dios maya de la lluvia. En Yucatán, *Chan Kom* se refiere a los cuatro pilares del cielo como los cuatro *Chacs*. También se cree que fueron dioses jaguar, y que estaban relacionados con la apicultura. Como muchos otros dioses, los *Bacabs* eran importantes en las ceremonias de adivinamiento, y se les hacían preguntas sobre los granos, el clima y la salud de las abejas.

Los primeros hombres

B'alam Quitze: Su nombre significa "jaguar de la dulce sonrisa", fue el primer hombre creado a partir del maíz después de la inundación provocada por el dios Huracán. Los dioses crearon a la mujer Caha-Paluma, "agua que cae", para que se desposara con él.

B'alam Agab: Su nombre significa "jaguar nocturno", fue el segundo de los hombres creado a partir del maíz después de la gran inundación enviada por el dios Huracán. Se unió con la mujer Choimha, "agua bella".

Iqi B'alam: Su nombre significa "jaguar de la luna", fue el tercer hombre creado a partir del maíz después de la Gran Inundación. Los dioses crearon a Cakixia, "agua de cotorras" para que fuera su mujer.

Mahucatah: Significa "nombre distinguido", fue el cuarto hombre creado a partir del maíz después de la inundación. Tzununiha, "casa de agua" fue creada para él por los dioses.

Sacrificios humanos

Los antiguos mayas tenían la misión de venerar y alimentar a los dioses, para que ellos mantuvieran la vida del cosmos. Estos conceptos religiosos fueron la base de un complejo ritual en el cual alimentaban a sus dioses por medio de ofrendas, que consistían en aromas de flores, incienso, sabores de alimentos preparados, y sobre todo el espíritu de animales y de hombres que residían en la sangre y el corazón.

Los mayas practicaron varios tipos de sacrificio, como la decapitación, el flechamiento, la inmersión en el Cenote Sagrado de Chichén Itzá y la extracción del corazón.

La extracción del corazón se muestra en pocos casos del arte maya. Las imágenes aparecen solamente en escenas relacionadas con ascensiones al trono (reyes de Piedras Negras, Guatemala) o con inicios de calendarios rituales de los nuevos reyes, lo cual indica que el sacrificio de niños se realizaba en circunstancias bien definidas. El sacrificio de infantes también se dio en el Posclásico, en Yucatán, y en los primeros años de la Colonia.

Un método común de sacrificio entre los mayas era el despeñamiento de víctimas, atadas, por las escaleras de los templos. En las inscripciones del Periodo Clásico se hacía referencia a esto como *yal*, "arrojar" a un cautivo. Esta práctica se puede observar en varias esculturas encontradas en Yaxchilán.

Sin embargo, el ejemplo de sacrificio más frecuente en el arte y las inscripciones de la cultura maya es el ritual por decapitación, descrito por los mayas como un acto de "creación". La idea de que la muerte conducía a la formación de un nuevo orden era común en la religión y en la cosmogonía mesoamericanas. Ejemplos de esta mezcla entre sacrificio, guerra y creación los podemos encontrar en Palenque, Yaxchilán, Copán y Quiriguá.

Existe también un vínculo importante, aunque poco claro, entre el sacrificio y el juego de pelota; el cual es recurrente en el arte y la arquitectura mayas, como por ejemplo en la escena de decapitación del juego de pelota más grande de Chichén Itzá.

Otro tipo recurrente de sacrificio entre los antiguos mayas fue sangrarse y ofrecer la propia sangre a los ancestros, deidades y otras fuerzas cósmicas. Los auto-sacrificios y sacrificios se practicaban en complejas ceremonias religiosas relacionadas con periodos calendá-ricos, que incluían oraciones, procesiones, danzas, cantos, bailes y representaciones dramáticas. En las fiestas, los sacerdotes y nobles ingerían bebidas alcohólicas, que se consideraban sagradas, para preparar al espíritu que entraría en contacto con los dioses.

La pirámide social

Los mayas estaban divididos en clases sociales muy bien definidas. Las excavaciones arqueológicas realizadas en los centros ceremoniales demuestran que las unidades habitacionales se encontraban dispuestas en círculos concéntricos. Las más cercanas a los templos eran ocupadas por los sacerdotes, mientras que en las más alejadas y dispersas vivía el pueblo; de cualquier manera, todas tenían como centro las estructuras dedicadas al ritual de los dioses.

Encabezaba la sociedad maya un gobierno dual constituido por el *halach uinik*, un jefe civil aunque con funciones sacerdotales, el *ahuacán* (señor serpiente) o sumo sacerdote mencionado en las crónicas, dedicado íntegramente al sacerdocio y a la astrología. El primero pertenecía a la nobleza, a los *almenehoob* (los que tienen padre y madre). Este grupo privilegiado monopolizaba el poder y la autoridad al detentar los puestos políticos y religiosos.

El gobernante supremo de la provincia era el *halach uinik*. Se le llamaba también *Ahau*, y en él residía el poder absoluto sobre los asuntos terrenales y espirituales. Sus emblemas eran el escudo redondo y el cetro en forma de figura antropomorfa con cabeza de serpiente. El cargo de *halach uinik* era hereditario dentro de una sola familia, y pasaba del padre al hijo mayor.

El *halach uinik* era, al mismo tiempo, el *batab* o jefe local de la ciudad en que vivía, y tenía bajo su mando al resto de los *bataboob* o jefes locales de las demás poblaciones. Como jefe supremo recibía tributo, convocaba a los guerreros y formulaba la política exterior de Estado. En la toma de decisiones políticas se ayudaba de una especie de consejo de Estado constituido por jefes o *bataboob*, sacerdotes y consejeros especiales, todos miembros de la nobleza. En la guerra, cada *batab* comandaba a sus soldados, pero existía un comandante militar supremo llamado *nacom*, que desempeñaba el cargo durante tres años y respondía directamente ante el *halach uinik*. Después de los *bataboob* estaban los *ah cuch caboob*, quienes administraban los barrios en los que se encontraba dividida la ciudad. Un cargo similar era el de los *ah kuleloob*, delegados que acompañaban al *batab* como ayudantes, portavoces y mensajeros. Existían también los encargados de las cuestiones sociales y ceremoniales, llamados *popolna* y *ah holpop*. Por último, entre los funcionarios de menor responsabilidad se hallaban los *tupiles*, alguaciles o guardianes que mantenían el orden y vigilaban el cumplimiento de la ley.

El grupo de los sacerdotes, denominados genéricamente *ahinoob* (en singular *ahkin*), tenía la misma categoría que los jefes o *bataboob*. El sacerdocio también era hereditario y privativo de unas cuantas familias de la nobleza. El supremo sacerdote recibía el nombre, como ya vimos, de *ahuacán*. Sus actividades se relacionaban con el ritual, los sacrificios, la adivinación, la astronomía, los cálculos cronológicos, la escritura jeroglífica, la educación religiosa y la administración de los templos.

Seguían al *ahuacán* los sacerdotes llamados *chilames* o adivinos, quienes interpretaban los designios que los dioses enviaban a los hombres a través de los oráculos. El encargado de llevar a cabo los sacrificios rituales era el *nacom*, que no debe confundirse con el jefe militar, a quien también se le llamaba así. Le ayudaban cuatro asistentes llamados *chacoob*, quienes además tenían otras funciones, como las de encender el fuego nuevo en el mes del *pop*, ayunar y untar de sangre a los ídolos que acababan de ser esculpidos en el mes de *mol*.

No hay duda sobre el lugar que ocupaban los mercaderes profesionales (*poolom*) en la escala social. Eran miembros de la nobleza, no sólo por descender de los navegantes *putunes* conquistadores de esa tierra, sino por tener en sus manos esa importante actividad económica que era el comercio.

Por su condición de nobles, los mercaderes fueron aliados poderosos de los jefes militares, ya que les informaban sobre las rutas y las posibilidades económicas y defensivas de otros pueblos. Aunque, en general, toda la tierra era de propiedad comunal y pertenecía a los pueblos, la nobleza tenía un mayor acceso a ella. Los frutales, las plantaciones de cacao y las salinas eran de propiedad privada y exclusiva de las clases altas. Éstas recibían también el pago de tributos, consistentes en productos de la caza y la pesca, cultivos de la milpa, miel, mantas de algodón y servicio personal.

Otro grupo en la estructura social eran los arquitectos, quienes estaban por encima de los escultores, los ceramistas y otros artesanos. Los soldados eran importantes en tiempos de conflicto, de otra manera estaban más abajo que los arquitectos y comerciantes en la escala social.

Debajo de este complejo sector que era la nobleza estaba el pueblo, la gente común llamada *yalba uinicoob* (hombres pequeños), *ah chembal uinicoob, emba uinicoob* o *pizilcali*, todos ellos plebeyos. Estos nombres significan lo mismo que el término náhuatl *macehual*, frecuentemente utilizado en la región maya durante la época colonial como *macehuloob*. La gente común era la más numerosa y comprendía a los campesinos, pescadores, leñadores, aguadores, albañiles, artesanos, canteros, carpinteros, tejedores, cargadores, etcétera. El pueblo era el que cultivaba el maíz y producía los alimentos para sí mismo y para la nobleza. También era el que cortaba, cargaba, labraba y esculpía las piedras que conformarían los grandes edificios, el que construía las calzadas y los templos, el que decoraba sus fachadas con pinturas y mosaicos, y el que con su tributo en especie y en trabajo sostenía a la clase privilegiada.

Después del pueblo se encontraban, en el último peldaño de la escala social, los esclavos, llamados *ppentacoob* (*ppentac*, masculino; y *munach*, femenino). Eran, en su mayor parte, individuos capturados en la guerra o bien esclavizados por algún delito. También se podía nacer esclavo o convertirse en tal al ser vendido.

Matrimonio

Los mayas crearon leyes que permitían hacer permanente el matrimonio. Las edades propias para casarse eran los 18 años para los hombres y los 14 años para las mujeres, uno de los tabúes existentes era que los varones no podían casarse con mujeres que llevaran el mismo apellido.

Se consideraba indigno que el hombre buscara a la mujer, en ocasiones los padres eran los que arreglaban los matrimonios de sus hijos desde que estos eran infantes y se trataban así, desde ese momento, como parientes políticos, creían que la pasión era una fuerza destructiva.

La mejor reputación a que podía aspirar una mujer maya era que no se hablara de ella entre los hombres, si alguna mujer era acusada de adulterio tenía que haber sido sorprendida en flagrante.

El divorcio consistía en el repudio si la mujer era estéril o si no preparaba como era debido el diario baño de vapor del marido. Cuando se divorciaba una pareja los hijos menores se quedaban siempre con la madre y los mayores con el padre.

La escritura maya

Otra muestra del genio maya fue el sistema de escritura jeroglífica que desarrollaron. La escritura maya quedó registrada en códices, pinturas, estelas, edificios y materiales de ricas texturas como la concha, el algodón, los objetos hechos de cerámica y diversas joyas realizadas en piedras de gran belleza, como el jade y la obsidiana.

La interpretación de los glifos era un problema mayor hasta hace unas pocas décadas, cuando un equipo de arqueológos de México y Estados Unidos descifró un código en Palenque, en el estado de Chiapas, México. Desde entonces los arqueólogos han traducido muchas secuencias de glifos e incluso han identificado a algunos de los gobernantes de ciudades como Palenque y Yaxchilán (Chiapas) y Piedras Negras y Tikal (Guatemala).

La famosa Escalera de los Jeroglíficos en Copán es un ejemplo destacado del uso de la escritura, se trata de un monumento que conmemora los logros de la dinastía real y es probablemente el relato escrito de mayor tamaño acerca de la historia de la civilización maya.

Los códices

En los códices, los mayas registraban noticias, crónicas y hechos históricos; dando cuenta de sus conocimientos en astronomía, medicina y botánica. Se necesitaba ser poseedor del conocimiento para escribir códices; por ello, sólo los sacerdotes, pertenecientes a la nobleza, eran los encargados de escribirlos. Eran llamados *ah ts'ib*: escribas, o *ah woh*: pintores.

También eran ellos los únicos que tenían la facultad de leerlos y descifrarlos, ya que la manera de hacerlo dependía del momento, de la situación y de quién los consultaba. Por consiguiente la interpretación jamás era única y lineal, lo cual, por cierto, ha dificultado el desciframiento de los códices. Aunado a ello, como su escritura tiene varios signos para representar una misma idea, la lectura se vuelve rica en expresiones, pero altamente codificada y compleja.

Los mayas fabricaban sus códices utilizando una corteza vegetal: el amate, y se sabe que también utilizaron la piel de venado. Formaban largas tiras dobladas como biombo y las recubrían con una fina capa de estuco, sobre la que dibujaban, esto les permitía hacer correcciones aplicando el color blanco a manera de goma de borrar para continuar pintando sus jeroglíficos.

Los códices tenían un orden, cada página estaba perfectamente dividida en secciones de glifos, numerales y figuras. El colorido de los códices es notable, destacando el uso del rojo, el negro y el azul maya.

Por desgracia, muchos códices mayas fueron destruidos a causa del fanatismo religioso de los sacerdotes españoles durante los autos de fe en el siglo XVI, y otros sucumbieron a los estragos del tiempo. Hasta la fecha se han recuperado sólo tres de estos códices, y se les dio el nombre de la ciudad en donde se encuentran: Dresde

(Alemania), París (o Peresiano) y Madrid (o Tro-cortesiano). A través del estudio de estos códices los arqueólogos han descubierto pasajes mitológicos de historia, religión, astrología y ciencias.

Códice Dresde.- Trata de astronomía, religión y diversas ciencias y artes. Cabe destacar que cuenta con tablas astronómicas y calendáricas muy precisas, tanto del ciclo del planeta Venus como de los eclipses. En el códice también se encuentran augurios sobre diferentes hechos y situaciones ligadas a la cosmogonía maya.

El códice Dresde tiene 39 páginas, de 20 cm de largo por 9 cm de ancho. Desplegado, alcanza una longitud de 3.51 metros y está dividido en secciones por medio de líneas rojas que señalan el principio y el fin de los capítulos, o que introducen un cambio de tema. Fue encontrado en Viena en el siglo XVIII, se dice que había sido llevado en el siglo XVI, desde Guatemala, como parte de los presentes que se ofrecieron a Carlos I de España, Emperador de Alemania. Fue hasta 1810 que Alejandro de Humboldt lo dio a conocer al mundo.

Códice París.- A pesar de haberse hallado incompleto y en malas condiciones, sus glifos hacen gala de una gran calidad y complejidad técnica, que ha sido comparada con la de las esculturas y bajorrelieves de El Naranjo, Piedras Negras y Quiriguá, en Guatemala.

Fue el segundo en aparecer en Europa, alrededor de 1832, en la entonces llamada Biblioteca Imperial de París, y el nombre de Peresiano se debe a que fue encontrado envuelto en un pliego de papel que tenía escrita la palabra Pérez. Fue hasta 1859 cuando León de Rosny lo identificó como códice maya.

Código Madrid.- Describe diversas ceremonias y artes mayas de carácter mágico. No todos sus jeroglíficos han sido descifrados. Apareció en España, en el siglo XIX, está dividido en dos secciones, la mayor de las cuales estaba en poder del señor Juan de Tro y Ortolano; la otra parte la tenía el señor José Ignacio Miró.

Fue el francés Brasseur de Bourbourg quien lo identificó como documento maya en 1866. Originalmente se le llamó Códice Cortesiano porque se pensaba que Hernán Cortés lo había enviado a España. Desde 1964, este códice se conserva en el Museo de América de Madrid.

Los Libros sagrados de los mayas

El Popol Vuh

También se le conoce con el nombre de *Popol Buj, Libro del Consejo, Libro del Común, Manuscrito de Chichicastenango, Libro Nacional de los Quichés* o de los *Antiguos Votánides.*

El texto original fue encontrado en los primeros años del siglo XVIII, en el curato de Santo Tomás Chilá o Chichicastenango, Guatemala, por el dominico Ximénez, quien se encargó de la trascripción del texto quiché al castellano, dándole el nombre de *Historias del origen de las indias de esta provincia de Guatemala.*

El *Popol Vuh* es el libro sagrado de los indios quichés que habitaban en la zona de Guatemala. En él se explica el origen del mundo y de los indios mayas, se relata también la historia de todos los soberanos. No es una crónica, sino un texto épico del origen del mundo y de la genealogía del hombre.

Se puede decir que hay allí una conjunción de religión, mitología, historia, costumbres y leyendas. Es esencialmente una descripción del conjunto de tradiciones mayas de quienes habitaban la región guatemalteca; pero también aparecen agregadas algunas ideas cristianas, lo que hace suponer que el autor conocía a misioneros católicos. No se conoce el nombre del autor, pero por datos sacados del contenido de la obra se supone que fue escrito hacia 1544.

También se cree que el manuscrito original fue escrito por el indio quiché Diego Reinoso, pero no existen los elementos necesarios para afirmarlo. El documento procede de los años 1554 a 1558, según se desprende de la firma de los últimos reyes de Quiché, Juan Cortés Reyes Caballero y Martín Ahau Quiché.

Fue escrito originalmente en piel de venado, posteriormente fue transcrito en 1542 al latín por Fray Alonso del Portillo de Noreña. La versión española fue realizada sobre este último texto en el siglo XVIII (1701) por el fraile dominico Francisco Ximénez que se había establecido en Santo Tomás Chichicastenango. El nombre de *Popol Vuh* se lo dio el estudioso de temas del Nuevo Mundo, Charles Etienne Brasseur de Bourbourg, quien en el siglo XIX lo tradujo al francés.

El significado de los términos que conforman dicho nombre es:

Popol: Palabra maya que significa reunión, comunidad, casa común, junta.

Vuh: Libro, papel, árbol de cuya corteza se hacía el papel.

Para los quichés de Guatemala, hombres del bosque o de los magueyes, el *Popol Vuh* es una biblia. En el libro se pueden distinguir tres partes:

La primera es una descripción de la creación del mundo y del origen del hombre, que después de varios fracasos fue hecho de maíz, la comida que constituía la base de su alimentación.

La segunda parte trata de las aventuras de los jóvenes semidioses *Hunahpú* e *Ixbalanqué* que termina con el castigo de los malvados, y de sus padres sacrificados por los genios del mal en su reino sombrío de *Xibalbá*.

La tercera parte es una historia detallada referida al origen de los pueblos indígenas de Guatemala, sus emigraciones, su distribución en el territorio, sus guerras y el predominio de la raza quiché sobre las otras razas hasta poco antes de la conquista española. Describe también la historia de los reyes y la historia de conquistas de otros pueblos.

El *Popol Vuh*, es una fuente fundamental para el estudio de la cultura maya, la que sobrevivió a través de los indios quichés de Guatemala.

Ésta es la relación de cómo todo estaba en suspenso,
todo en calma, en silencio; todo inmóvil, callado, y vacía
la extensión del cielo.
Ésta es la primera relación, el primer discurso.
No había todavía un hombre, ni un animal, pájaros,
peces, cangrejos, árboles,
piedras, cuevas, barrancas,
hierbas ni bosques: sólo el cielo existía.
No se manifestaba la faz de la tierra.
Sólo estaban el mar en calma
y el cielo en toda su extensión.

Popol Vuh
Capítulo primero

El *Chilam Balam*

Una vez establecida la Nueva España, y dejando atrás los años de pugna, uno de los primeros cuidados del clero español fue enseñar a los indios a escribir su propia lengua haciendo uso de las letras del alfabeto castellano. La intención fue que los indígenas hicieran uso de esta nueva escritura exclusivamente para los fines de la nueva religión cristiana, sin embargo, los indígenas se las ingeniaron para utilizar este conocimiento para preservar la memoria de su pueblo; escribieron una cantidad considerable de profecías, mitos, rituales, sucesos corrientes y, lo más importante de todo, sinopsis cronológicas de su historia. De todos estos documentos, los más importantes fueron los escritos durante el siglo que siguió a la conquista en el norte de Yucatán; a estos escritos se les ha dado el nombre de Libros de *Chilam Balam*, lo cual puede traducirse como "El libro del adivino de las cosas ocultas".

Los llamados Libros de *Chilam Balam* forman una de las unidades más importantes de la literatura indígena americana. Su escritura es la que los frailes españoles adaptaron a la fonología de la lengua maya en Yucatán y el papel usado —por lo menos en las copias encontradas hasta ahora— que es también europeo, formaba cuadernos. Algunos, si no todos, tuvieron tapas de vaqueta.

No sabemos exactamente desde cuando se les llamó Libros de *Chilam Balam*. Ninguno de ellos lleva como título este nombre, aunque Pío Pérez asienta en una de sus transcripciones: "Hasta aquí termina el libro titulado *Chilam Balam* que se conservó en el pueblo de Maní..." (Códice Pérez). De cualquier forma, el nombre es ya una denominación técnica aceptada para designar este tipo de libros yucatecos.

Tal vez el nombre fue adoptado de *Balam* el nombre del más famoso de los *chilames* que existieron poco antes de la llegada de los españoles al continente, y *Chilam* (o *chillan*) es el título que se daba a la clase sacerdotal que interpretaba los libros y la voluntad de los dioses, su significado según el diccionario de Motul es "el que es boca". *Chilam Balam* vivió en Maní en la época de Mochan Xiu poco antes de la conquista española, fue además un famoso profeta que anunció el advenimiento de una nueva religión.

En el siglo XVII tenemos la primera referencia clara de la existencia de los Libros de *Chilam Balam*, gracias a Sánchez de Aguilar, quien habla de éstos en su informe. En 1758 el canónigo de la catedral de Mérida, el Dr. D. Agustín de Echano, nuevamente hace mención de ellos en la aprobación de una pequeña obra en maya, donde asienta: "La experiencia de tratar tan incesantemente a los indios, en aproximadamente doce años que les serví, me enseñó que el motivo de estar todavía muchos de ellos tan vinculados a sus antigüedades era porque siendo los naturales muy curiosos, y aplicándose a saber leer, los que esto logran, cuanto papel tienen a mano tanto leen; y no habiendo entre ellos más tratados en su idioma que los que sus antepasados escribieron, cuyo contenido es sólo de sus hechicerías, encantos y curaciones con muchos abusos y ensalmos" (en Domínguez, 1758).

Originalmente debe haber habido varios de estos libros manuscritos, sin embargo a través del tiempo algunos se han perdido. Se les distinguía entre sí agregándoles el nombre del pueblo en que fue escrito cada uno. Actualmente se tiene conocimiento de unos diez o doce manuscritos, siendo los más importantes los Libros del *Chilám Balam* de *Maní*, *Tizimín, Chumayel; Kaua, Ixil, Tusik* y el *Códice Pérez,* manuscrito del siglo XIX que contiene transcripciones de varios otros cuyos originales se han perdido. También se tienen noticias de otros: el de *Teabo*, que parece ser el mismo de *Tekax* y los de *Peto, Nabulá, Tihosuco, Tixkokob, Hocabá*, y *Oxkutzcab*, pero nadie los ha encontrado.

Históricamente hablando, las secciones más reveladoras de los Libros de *Chilam Balam* son los *u kahlay katunob*, o crónicas principales de la historia maya. Existen cinco de estas crónicas que se conservan en los Libros de *Chilam Balam*, una en el de *Maní*, otra en el de *Tizimín* y tres en el de *Chumayel*, en este último se dan los resúmenes más exactos de la historia maya de la época Posclásica. Es indudable que gran parte de sus textos religiosos e históricos, puramente nativos, provienen de los antiguos códices, de los cuales solamente existen disponibles en el mundo tres, todos localizados en Europa. Otra porción de sus textos ha sido registrada de fuente oral y el resto de impresos europeos. Finalmente podríamos decir que el material que contienen en general los Libros de *Chilam Balam* es heterogéneo y de un modo sencillo puede clasificarse como sigue:

- Textos de carácter religioso: puramente indígena; cristiano traducido al maya.

- Textos de carácter histórico, desde crónicas con registro cronológico maya a base de la "cuenta corta" (*katunes* en series de 13) hasta simples asientos de acontecimientos muy particulares sin importancia general.

- Textos médicos, con o sin influencia europea.

- Textos cronológicos y astrológicos: tablas de series de *katunes* con su equivalente cristiano; explicaciones acerca del calendario indígena; almanaques con o sin cotejo con el *Tzolkin* maya, incluyendo predicciones astrológicas.

- Textos de astronomía según las ideas imperantes en Europa en el siglo XV.

- Rituales.

- Textos literarios como novelas españolas.

- Miscelánea de textos no clasificados.

Como podemos observar, la diversidad de su contenido abarca todas las fases culturales por las que fue pasando el pueblo maya de Yucatán hasta que cesaron de reunirse.

0	1	2	3	4
⬭	•	••	•••	••••

5	6	7	8	9
—	• / —	•• / —	••• / —	•••• / —

Las matemáticas

Los mayas crearon un sistema de numeración basado en la cuenta de los dedos de las manos y los pies, es decir, contaban de 20 en 20, a diferencia del sistema decimal actual donde contamos de 10 en 10. Además, en nuestro sistema de numeración los números se construyen a partir de los dígitos 0, 1, 2, 3, 4, 5, 6, 7, 8 y 9; en cambio, los números mayas se construyen a partir de 20 numerales, los cuales a su vez están formados por tres símbolos básicos: un punto, una barra horizontal y una concha o caracol.

Contrariamente a nuestros dígitos, cuyas formas no siguen ningún patrón, los numerales están formados mediante los tres símbolos mencionados, considerándolos como si fueran: el punto una unidad, la barra horizontal un cinco y la concha un cero.

Con estos numerales los mayas crearon un sistema de numeración vigesimal en el cual resalta el uso del cero, cuya aparición en las matemáticas ha sido de gran importancia en la historia de la humanidad y el cual permitió tener un valor posicional de los numerales inscritos en un número maya.

Así como en nuestra numeración el valor de una cifra varía de acuerdo a su posición horizontal en un número, los valores de los numerales mayas difieren según la posición vertical que ocupaban en un número.

0	1	2	3	4
5	6	7	8	9
10	11	12	13	14
15	16	17	18	19
20	21	22	23	24
25	26	27	28	29

Los números mayas

El tablero

Para comprender la simplicidad y precisión de la ciencia matemática de los mayas, la utilización del tablero es un factor indispensable; con él se realizaban las operaciones y los cálculos con los que se contabilizaban desde las pertenencias, los impuestos y la repartición de las cosechas, hasta los eventos astronómicos y los ciclos del tiempo.

El tablero, una cuadrícula ssimilar a la del ajedrez, es un objeto lleno de significaciones relacionadas con su cosmovisión; este elemento representaba, en un sentido místico, la urdimbre del universo; el campo donde suceden los hechos que transforman el tiempo y el espacio y el lugar donde se asienta el conocimiento humano. Por eso, al comprender su función y hacer uso de ella, se manifiesta como una figura que, de forma simbólica, ejemplifica el orden y equilibrio de todo cuanto existe.

Los niveles del tablero aumentan su valor de abajo hacia arriba, de acuerdo a la posición que tiene el numeral dentro de dicho tablero, como se muestra a continuación, ordenando los numerales por unidades, veintenas, veintenas de veintenas, veintenas de veintenas de veintenas, etc., por lo que un punto (o unidad) en cada nivel, tendría el siguiente valor:

Un punto en la sexta posición = 3,200,000

Un punto en la quinta posición = 160,000

Un punto en la cuarta posición = 8,000

Un punto en la tercera posición = 400

Un punto en la segunda posición = 20

Un punto en la primera posición = 1

Astronomía maya

Si algo sorprende a los estudiosos de la civilización maya es su profundo conocimiento de los cielos, obtenido únicamente por medio de la observación y el análisis minucioso de la bóveda celeste y de los ciclos naturales a lo largo de varias generaciones. Los conocimientos astronómicos de los mayas estaban íntimamente ligados con la escritura, las matemáticas y, muy particularmente, con el calendario, elemento fundamental para un pueblo dedicado a la agricultura.

El establecimiento de los ciclos agrícolas requería un detallado estudio del cielo diurno y nocturno; de la trayectoria del sol, las fases de la luna y la posición de algunas estrellas. Todas estas observaciones fueron sistematizadas, repetidas una y otra vez, registradas y, finalmente, vinculadas con la vida material y espiritual de los mayas.

Los sacerdotes; hombres de sabiduría que apoyaron su cosmovisión en instrumentos de medición muy rudimentarios, casi milagrosos por la vasta información que aportaron, eran los encargados de la observación del cielo. Para establecer la trayectoria de los astros, los sacerdotes tomaban asiento diariamente en un mismo punto —por lo común, la parte más alta de un templo— durante largos periodos, y fijaban la vista en el horizonte; con este método, y un palo plantado en el suelo, lograron determinar, por ejemplo, el paso del sol por el cenit, pues al encontrarse el sol en su punto más alto el palo no proyectaba sombra.

Con el mismo objetivo, los mayas también empleaban dos varas o hilos cruzados, formando una equis; desde este punto fijo de observación, con un detalle natural en el horizonte como referencia, anotaban el lugar desde donde salían y se ocultaban determinados cuerpos celestes a lo largo de varios meses. De este modo lograron establecer, con asombrosa precisión, los ciclos lunares, solares y venusinos y observar las conjunciones estelares que más les interesaban.

A pesar de estos rudimentarios procedimientos, los sacerdotes mayas superaron sus deficiencias técnicas con una labor constante y extremadamente cuidadosa, realizada con una entrega y un rigor que bien podrían calificarse como científicos; de esta manera se explica la asombrosa exactitud de sus cálculos astronómicos y de los ajustes a sus calendarios.

Por ejemplo, sabemos que los mayas tenían un año civil fijo de 365 días, y que comprendieron que había discrepancias entre éste y el año trópico verdadero, el cual, según la ciencia moderna, requiere de 365.2422 días para efectuarse. Así, concibieron una fórmula de corrección calendárica en la ciudad de Copán, Honduras, hacia los siglos VI o VII de nuestra era. Con esta corrección, su calendario quedó más cerca de la realidad que el nuestro: su año fue fijado en 365.2420 días, mientras que el calendario que nos rige abarca 365.2425 días.

Los mayas también calcularon correctamente la duración del ciclo lunar. Formularon su calendario lunar por el antiquísimo y muy exacto procedimiento del tanteo, interpolando meses de 29 y 30 días a lo largo de 405 lunaciones sucesivas. La discrepancia con respecto al ciclo lunar real es mínima.

Es muy probable que conocieran también otros planetas, además de Venus, y que registraran sus ciclos o revoluciones sinódicas, pues por las menciones en las fuentes históricas se deduce que los mayas se interesaron por numerosas constelaciones y estrellas, como la Polar, a la que designaban como *Xaman Ek*, la gran estrella, que fue empleada como guía para viajeros y comerciantes; las Pléyades, a las que llamaban *Tzab* —como los cascabeles de las serpientes— y la constelación de Géminis, a la cual denominaban *Ac*, la tortuga.

De tanto observar los cielos los mayas notaron, no sin asombro y cierto terror, que en determinados días del año el Sol, durante algún tiempo, se quedaba parcialmente oscurecido o incluso desaparecía del todo; cuando esto sucedía, imaginaban que una bestia celeste intentaba devorar al Sol, y que si el monstruo triunfaba se acabaría el mundo. Esta posibilidad le causaba tal pánico al pueblo maya que para los sacerdotes —quienes sí sabían que el oscurecimiento del Sol era producto del cruce de su trayectoria con la de la Luna— era fácil obtener, con esta terrible amenaza, ofrendas excepcionales, mayor sumisión e incluso sacrificios humanos. Es sorprendente, sin embargo, que de los 69 eclipses anunciados en el Códice Dresde, sólo 18 fueron visibles en territorio maya.

Resulta evidente que la astronomía jugó un papel fundamental en la sociedad maya, ya que no sólo determinó gran parte de su cosmovisión y muchas de sus creencias religiosas, sino también, incluso, su arquitectura —muchos edificios fueron construidos de acuerdo con la alineación de algunas estrellas, incluidos los observatorios— y su concepción del arte y de la ciencia.

El calendario maya

A la profunda comprensión del universo que tuvieron los mayas, se añadió el avance de sus conocimientos matemáticos, caracterizados por su sistema numérico. La combinación de ambos dio como resultado lo que quizá sea el ejemplo más claro e importante sobre las apreciaciones que hemos hecho acerca de los logros de esta cultura: el calendario del año solar o *Haab*, por ejemplo, por su exactitud se compara con los actuales cálculos calendáricos, ya que difiere de ellos tan sólo por un error de 17.28 segundos.

Tener un calendario es una necesidad mundial y en este aspecto el calendario maya ha sobresalido. El nuestro acumula un error de un día por cada 4,000 años, en cambio el calendario maya sorprendentemente acumula un día por cada 5,000 años.

Para ajustar la duración de su calendario a la órbita real de la Tierra (lo que nosotros hacemos añadiendo un día cada cuatro años y que conocemos como año bisiesto), los mayas añadían trece días cada 52 años, para restar después 25 días cada 3,172 años. Esto daba por resultado el calendario más preciso del mundo.

Para los mayas, las manifestaciones de la naturaleza ocurrían cíclicamente, se combinaban y seguían parámetros numéricos determinados; de ahí que hayan dado tanta importancia al estudio de las lunaciones, las conjunciones, eclipses y a la periodicidad de las manchas solares.

El tiempo, y por lo tanto, los sucesos que ocurrían dentro de él, obedecían a esta armonía cósmica a la que se aproximaron con tanta exactitud y que en su afán por prever y planificar el futuro, dio origen a un segundo calendario de 260 días, el cual regía la vida de cada individuo y todas sus actividades, tanto las rituales como las cotidianas.

Este calendario, llamado *Tzolkín*, era utilizado por los sacerdotes para determinar el día en que se debía sembrar, ir a la guerra, efectuar un matrimonio y realizar cualquier otra labor. Se constituye por la combinación de 13 números con 20 signos, lo cual da 260 días.

Al conjuntar el calendario solar, *Haab*, común a toda la sociedad, y el calendario, *Tzolkín*, que a manera de horóscopo contenía designios preestablecidos para cada individuo, se formaba un gran ciclo o Rueda Calendárica que abarca 18,980 días, es decir 73 ciclos de 260 días (contando con el *Tzolkín*) y 52 años solares (contados con el *Haab*), y se completaba cuando una fecha se repetía en ambos calendarios.

unidades de tiempo mayas

Utilizando el sistema posicional de valores, los mayas podían anotar cinco unidades de tiempo, a las cuales dieron los siguientes nombres:

Kin = *1 día*
Uinal = *20 días*
Tun = *360 días*
Katun = *7,200 días*
Baktun = *144,000 días*

La fecha inicial o punto de partida de los calendarios

Al parecer solamente los pueblos de la costa del Golfo y los mayas tuvieron una fecha de inicio. A partir de ella calculaban el número de días que habían transcurrido hasta el evento que querían registrar. A partir del uso de la "cuenta larga", es decir, la del *Haab*, los mayas fijaron un principio de los tiempos en la fecha *4 ahu 8 cumkú*, que aparece repetidamente en las inscripciones de distintos monumentos. La fecha indicaba que se habían completado *13 baktunes* y que el *baktún* uno empezaba nuevamente. Esta fecha inicial corresponde al 13 de agosto del año 3114 a.C. de nuestro calendario.

La fecha anterior corresponde al nacimiento de *Hunnal-ye* según el *Popol Vuh*, libro maya-quiché donde se relata la creación del cosmos a partir de la victoria de los gemelos *Hunabpu* e *Ixbalanke* sobre los regentes del cielo y del inframundo. Una vez realizada la hazaña surge *Hunnal-ye* (que es el primigenio dios del maíz) de las profundidades del inframundo y a partir de esto, pueden dedicarse los creadores a su última tarea: la creación de los seres humanos y del Sol que le imprimirá movimiento y calor al mundo.

Sin embargo, otro mito maya de la creación encontrado en el tablero de la Cruz Foliada de Palenque, anota el nacimiento de una mujer el 7 de diciembre de 3121 a.C. (seis años antes de la fecha inicial), y el de un hombre el 16 de junio de 3122 a.C. Estos personajes parecen ser la "pareja primigenia", análoga a la primera pareja mencionada en el prólogo de los códices mixtecos. Se piensa que para legitimizar y sacralizar su derecho al trono, los gobernantes mayas se vinculaban a esta pareja divina y originaria, que vivió antes de la fecha de la creación situada en el año 3114 a.c.

Los mayas utilizaron cuatro formas para medir el tiempo:

1. La cuenta larga
2. El calendario de 260 días – *Tzolkín*
3. El calendario de 365 días – *Haab*
4. El registro del cómputo lunar

Para la denominada "cuenta larga" llevaban la cuenta sucesiva de los días transcurridos desde la fecha de inicio de su calendario, (13 de agosto de 3114 a.c.), y comienza en: cero *baktun*, cero *katun*, cero *tun*, cero *uinal*, cero *kin* (0.0.0.0.0.). Llevaban esta misma cuenta lineal dentro de un periodo de 13 *baktunes* o "Era", equivalente a 5,125.3661 años astrónomicos. El periodo de 13 *baktunes* en que nos hayamos actualmente por lo tanto, terminará el 23 de diciembre del 2012.

La vida del hombre maya estaba predestinada por el día del *Tzolkín* que correspondía a la fecha de su nacimiento. Este calendario cuenta el tiempo en ciclos de trece meses de veinte días cada uno. Llamaban a sus días y meses con los nombres de varias deidades, representados asimismo por glifos individuales. Al llegar al décimocuarto mes se regresaba al primero, continuando nuevamente del uno al trece una y otra vez. En el día 21 se repetía la serie de los nombres de los días y así sucesivamente. Ambos ciclos continuaban de esta manera hasta alcanzar los 260 días sin que se repitiera la combinación de mes y día pues 260 es el mínimo común múltiplo de 13 y 20. Después de esto el ciclo de 260 días volvía a empezar.

Glifos de los *kin* o días

El calendario llamado *Haab* se basa en el recorrido anual de la Tierra alrededor del Sol en 365 días. Los mayas dividieron el año de 365 días en 18 "meses" llamados *Uinal* de 20 días cada uno y 5 días sobrantes a los que se les denominaba *Uayeb*. Cada día se escribe usando un número del 0 al 19 y un nombre del *Uinal* representado por un glifo, con la excepción de los días del *Uayeb* que se acompañan de números del 0 al 4.

Glifos de los *uinal* o meses

Por último, y para eliminar ciertas confusiones en las fechas, los mayas utilizaron la serie complementaria de las lunaciones, la cual utiliza el ciclo metónico (derivado del nombre del astrónomo griego Metón, quien calculó la duración de las lunaciones o meses lunares). Éste es un ciclo de 19 años, al cabo de los cuales las fases de la luna se repiten en los mismos puntos dentro del año astronómico.

Revisemos ahora algunos enigmas que nos plantean los calendarios mayas. Aunque las distintas teorías difieren en la fecha de inicio, todas coinciden en una cosa: que en esa fecha cero, no existía el pueblo maya.

¿Por qué fijaron entonces los mayas esa fecha como la fecha inicial? Algunos expertos afirman que es una fecha ficticia, otros, no se pronuncian. Erick Von Däniken sugiere la hipótesis de que dicha fecha pudo ser la fecha de la llegada de los dioses a la Tierra.

Una teoría del doctor S. Kiesslling, pretende explicar la finalidad del complicado sistema del calendario maya. Según los glifos mayas, en el ciclo de tiempo sagrado (de 52 años terrenos o 73 deíficos) ciertos dioses con nombres intrincados aparecían diez veces por el firmamento, y cada 52 años se temía el retorno de esas "espantosas criaturas". Esto es, una vez cada 5.2 años. El profesor Kiesslling estudió las órbitas de nuestro Sistema Solar y descubrió que dicha fecha corresponde exactamente al periodo de rotación del llamado Planeta X.

Entre las órbitas de Marte y Júpiter existe una gran brecha en la que sólo gira el llamado Cinturón de Asteroides (que para algunos debería llamarse Cinturón de Planetoides). Suponiendo que fuesen residuos de un antiguo planeta, éste habría dado una vuelta alrededor del

Sol en 5.2 años, y ese sería el tiempo necesario para que dicho planeta volviera a estar en la situación óptima para un viaje desde él hasta la Tierra. Y ese día, los mayas temían el regreso de los dioses.

Erich Von Däniken defiende, asimismo, que el año deífico de 260 días correspondía al año natural del planeta origen de los "dioses", y que lo mantuvieron para regir sus existencias a la vez que se familiarizaron con el de la Tierra para, lógicamente, poder adaptarse a la vida en el nuevo planeta.

Según él, dichos visitantes podrían ser oriundos del llamado planeta X, o haberlo utilizado como base para establecer una nave nodriza. O también podría haber desaparecido antes de su llegada, y ellos utilizar como base algún planetoide de tamaño suficiente. Los códices mayas describen detalladamente determinados fenómenos que bien podrían corresponder al efecto sobre nuestro planeta de la explosión del planeta X. Análogos a este relato existen muchos otros en la casi totalidad de las civilizaciones antiguas, incluido el diluvio universal de la religión cristiana. En Palenque se descubrieron ciclos mensuales de hasta 1 247 653 años. En palabras de Von Däniken: "esos portentosos ciclos no tienen ya nada que ver con la historia de la humanidad. Los lapsos de centenares de miles y millones de años están reservados a los dioses".

Las esculturas

Los mayas fueron grandes artistas, así lo podemos constatar hoy a través de altares, estelas, lápidas, dinteles zoomorfos, tableros, tronos, jambas, columnas, figuras de bulto y marcadores de juego de pelota. Las características que los distinguen son la utilización del relieve, la monumentalidad en la expresión de los temas, el uso del color en el acabado superficial, la dependencia del ámbito arquitectónico, la profusión de signos caligráficos y ornamentales, la relevancia de las líneas curvas y el carácter complicado y escenográfico de la composición.

En Tikal, Copán, Quiriguá y Cobán, se encuentran lo que para muchos expertos son las mejores estelas mayas, se trata de enormes lajas de piedra clavadas verticalmente en el suelo, en las que los escultores mayas tallaron en bajorrelieve imágenes del jubileo de sus monarcas. Se levantaban al finalizar un periodo de tiempo concreto, cada cinco y cada veinte años, y en ellas, mediante jeroglíficos, se narraban los sucesos más importantes del reinado. Otra muestra más de su arte son los excelentes dinteles figurativos que flanquean las puertas de los palacios y templos de Yaxchilán, los altares de Piedras Negras y los zoomorfos de

Quiriguá, aunque quizá la cúspide de la escultura maya sean los paneles de los edificios de Palenque.

Allí, los mayas fueron capaces de plasmar bellamente en piedra su universo religioso, los mejores ejemplos son: El Palacio, el Templo de las Inscripciones, el Templo del Sol, el Templo de la Cruz y el Templo de la Cruz Foliada.

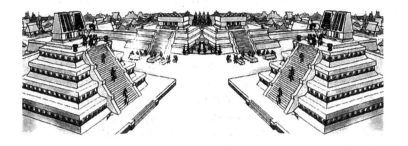

Las ciudades mayas

El esplendor de la cultura maya se aprecia sobre todo en la arquitectura y decorado de sus ciudades. Estas ciudades-estado constituían la sede del poder de los reyes-sacerdotes que administraban la obediencia, el tributo y la fuerza de trabajo de sus pueblos.

Se han identificado muchas ciudades y centros ceremoniales mayas, distribuidas en los actuales estados de Campeche, Chiapas, Quintana Roo y Yucatán, en México; Bélice, Guatemala y Honduras.

Las ciudades mayas, sin embargo, no se desarrollaron al mismo tiempo. En los inicios de la cultura maya, en las Tierras altas, se edificaron las primeras construcciones, mientras que en el apogeo del Periodo Clásico, entre los años 250 y 900 de nuestra era, las Tierras bajas vieron florecer grandes ciudades, como Tikal, localizada en el corazón del Petén guatemalteco. Después de esto, el impulso creador se movió a las planicies y mesetas del sur de la península de Yucatán, en donde las ciudades de estilo Puuc tuvieron su momento de gloria.

Cada ciudad maya tenía un estilo propio, aunque diferentes regiones y épocas presentan similitudes que se extienden a los centros ceremoniales dentro de ellas. Cuando visitamos las ruinas de alguna antigua ciudad maya, las cuales surgen de pronto entre la selva, no podemos menos que admirar las obras de ingeniería que garantizaban el abasto de agua y alimentos a sus habitantes; los finos decorados de estuco; las estelas de piedra, mudos testigos del sistema calendárico más avanzado del mundo de entonces; la amplia red de carreteras que cruzaba todo el territorio, y que unía a las ciudades en el comercio y el intercambio cultural.

Mientras que las ciudades mayas se dispersaban por la diversa geografía de la zona, el efecto de la planeación parecía ser mínimo; sus ciudades fueron construidas de una manera un poco "descuidada", como lo dictaba la topografía de cada ubicación en particular. La arquitectura maya tendía a integrar un alto grado de características naturales, por ejemplo, algunas ciudades existentes en las planicies de piedra caliza en el norte de Yucatán se convirtieron en municipalidades muy extensas, mientras que otras construidas en las colinas del río Usumacinta utilizaron los altillos naturales de la topografía para elevar sus torres y templos a alturas impresionantes.

Aún así prevalecía algún semblante de orden, como el requerido por cualquier ciudad de gran tamaño. Al comienzo de la construcción a gran escala, generalmente se establecía un eje predeterminado en congruencia con las direcciones cardinales y, dependiendo de la ubicación y la disponibilidad de recursos naturales del lugar, como pozos de agua fresca, o cenotes, la ciudad crecía conectando grandes plazas con las numerosas plataformas que formaban los cimientos de casi todos los edificios mayas, por medio de calzadas *sacbe*.

En el corazón de las ciudades mayas existían grandes plazas rodeadas por sus edificios gubernamentales y religiosos más preciados, como la acrópolis real, grandes templos de pirámides, y ocasionalmente canchas de juego de pelota. Inmediatamente afuera de este centro de rituales estaban las estructuras de los menos nobles, templos más pequeños, y santuarios individuales. En esencia, entre menos sagrado e importante se era, mayor era el grado de privacidad.

Mientras se añadían más estructuras, y las existentes se reconstruían o remodelaban, las grandes ciudades mayas parecían tomar una identidad casi aleatoria que contrastaba profundamente con otras grandes ciudades mesoamericanas, como Teotihuacan y su construcción rígida cuadriculada. Aún así, aunque la ciudad se disponía de la forma en que la naturaleza dictaba, se ponía cuidadosa atención en la orientación direccional de los templos y observatorios, y eran construidos de acuerdo a la interpretación maya de las órbitas celestes. Afuera del centro urbano, constantemente en evolución, estaban los hogares menos permanentes y más modestos de la gente común.

El diseño urbano maya podría describirse fácilmente como la división del espacio en grandes monumentos y calzadas. En este caso, las plazas públicas al aire libre eran los lugares de reunión para las personas, así como el enfoque del diseño urbano, mientras que el espacio interior era completamente secundario. Sólo en el Posclásico tardío las grandes ciudades mayas se convirtieron en fortalezas que carecieron, en su mayor parte, de las grandes y numerosas plazas del Periodo Clásico.

Los nombres originales de las viejas ciudades fueron olvidados. Por consiguiente, los que usamos hoy fueron inventados por exploradores, misioneros, viajeros y arqueólogos. Uno de los pocos nombres prehispánicos que ha llegado hasta nosotros es el de la ciudad de Chichén Itzá.

Chichén Itza

La antigua ciudad de Chichén-Itza cubre un área de aproximadamente 12 kilómetros cuadrados en la península de Yucatán, a unos 160 kilómetros al este de Mérida. Las construcciones más grandes se comenzaron a construir cerca del año 600 d.C. Hay numerosos edificios que han sido perfectamente remodelados, tal vez uno de los más impresionantes sea El Castillo, mejor conocido como la Pirámide de Kukulcán. La colosal estructura tiene en la cima un templo en forma cuadrada, en el cual se llevaban a cabo sacrificios y rituales. A pesar de que la mayoría de las personas piensan que los mayas eran un pueblo pacífico, no era así, por el contrario eran grandes guerreros que llevaban a cabo muchos sacrificios humanos. La pirámide también refleja las avanzadas habilidades astronómicas de la cultura maya. El número total de escalones en la estructura es de 365 y en el equinoccio de verano y de otoño el sol se refleja en la pirámide con forma de una serpiente que va descendiendo por los escalones en la parte delantera.

El Templo de los guerreros también es una edificación muy importante e interesante para visitar. Este edificio recuerda el estilo arquitectónico de los toltecas, de hecho los expertos aún discuten acerca de quién influenció a quién, si los mayas a los toltecas o los toltecas a los mayas. La historia parece indicar que los mayas ya se habían establecido muchos siglos antes de que los toltecas comenzaran a ganar poder.

Los mayas eran fanáticos de los deportes, esto se pone de manifiesto en las 22 canchas de juego de pelota que han sido encontradas en la zona. La más grande de todas mide 90 metros y es conocida como la Gran Corte, tiene paredes inclinadas y dos pequeños templos, uno de cada lado.

Mayapán

Mayapán (estandarte maya, capital maya o la bandera de los mayas), con alrededor de 12 mil habitantes, según cálculos de expertos, tuvo su época de máximo esplendor hacia el periodo Posclásico Tardío, entre 1250 y 1442 d.C.

En este sitio, un buen número de complejos de edificios está distribuido dentro de las murallas; uno de los más importantes es el conjunto central que se agrupa alrededor del Castillo, y que consiste, principalmente, en edificios alargados con columnas formando pasillos.

El Castillo, con un basamento de un estilo similar al de Chichén Itzá es una de las estructuras más relevantes de Mayapán; es una pirámide de nueve cuerpos que alcanzan una altura de quince metros. También son notables algunos edificios circulares del sitio.

En Mayapán hay muchos templos con columnas serpentinas en combinación con altares y santuarios; el concepto de las columnatas es popular y hay cientos de plataformas bajas que fueron cimientos de las chozas de la población en general.

Cuando los *Cocom* fueron vencidos, la ciudad de Mayapán fué abandonada y su gente se estableció en Sotuta.

Cobá

Cobá ocupó una superficie de 70 kilómetros cuadrados. En este amplísimo territorio los mayas construyeron numerosos edificios monumentales, edificaciones menores y una extensa red de 45 caminos, *sacbe*, que comunicaban los diferentes grupos de estructuras, sitios cercanos y otras antiguas ciudades más lejanas, como Yaxun e Ixil, ubicadas en los actuales estados de Yucatán y Quintana Roo, respectivamente.

Asimismo, se erigieron estelas o monumentos pétreos que servían para registrar eventos importantes o especiales vinculados con las actividades y logros de los gobernantes. Hoy en día se han localizado poco más de 30 estelas, algunos altares y paneles.

La presencia de los lagos Cobá, Macanxoc, Sacalpuc, Yaxlaguna y Xcanh, que se ubican en el corazón de la antigua ciudad de Cobá, fueron determinantes para su desarrollo. La existencia permanente de agua en la superficie contribuyó a la subsistencia de la población y eso facilitó muchas labores cotidianas.

Debió existir un sistema de agricultura intensiva para mantener la alta concentración demográfica que habitó el territorio. Para hacer los caminos, edificios y numerosas casas habitación, los antiguos habitantes de Cobá destinaron zonas especiales, las sascaberas y canteras, de donde extrajeron millones de toneladas de piedra y materiales para construcción.

Por su carácter de centro concentrador de bienes y servicios, Cobá ocupó un lugar hegemónico en el norte del estado mexicano de Quintana Roo. Los *sacbe* o calzadas permitieron a este asentamiento captar el flujo comercial costero y distribuirlo al interior de la península, al mismo tiempo garantizaban la rápida movilización de fuerzas militares en caso necesario.

La hegemonía de Cobá ocurrió desde el Clásico Temprano hasta el Clásico Tardío, época en que también prosperaban grandes ciudades como Izamal, Edzná, Uxmal, Becán y Chichén Itzá.

El panorama político cambió a través del tiempo y así, durante el Periodo Posclásico, Cobá perdió su dominio al tiempo que surgieron a lo largo de la costa del Caribe ciudades como Tulum, Muyil y otras. Paralelamente, el radio de influencia y poder de Chichén Itzá aumentó.

Dzibilchaltún

Dzibilchaltún, ciudad maya cuyo nombre significa "lugar donde hay escritura en las piedras" fue uno de los grandes centros urbanos que floreció en el norte de Yucatán antes de la llegada de los españoles. Su localización privilegiada sobre los límites de las tierras fértiles que colindan con una franja pedregosa entre la costa y el interior, la hizo sobresalir entre los años 600 y 900 d.C. Llegó a alcanzar una superficie mayor de 10 kilómetros cuadrados en una zona donde destacaba la existencia del cenote conocido como Xlakah, que en maya significa "pueblo viejo".

La ocupación de Dzibilchaltún y los diversos sitios cercanos a éste, como Komchén y el Mirador, se determinó por técnicas de fechas relativas y absolutas; éstas permitieron establecer una secuencia de ocupación continua que se inicia aproximadamente hacia el 350 a.c. en el primer sitio y en el 800 a.c. en los dos últimos, terminando en el momento de la conquista española.

El estudio de la cerámica de unas 700 casas-habitación, así como el de unos quince edificios, ayudó a establecer esa temporalidad relativa, ligada a los cambios más significativos observados en el desarrollo del antiguo centro. Se registraron pocas fechas absolutas, a pesar de haberse encontrado algunas estelas, una de las cuales exhibe la fecha 830 d.C. y un dintel de madera procedente de las Siete Muñecas, que dio una fecha, con el carbono 14, que lo sitúa alrededor del año 500 d.C.

Se han investigado cuatro áreas, tres edificios de la Plaza Central, la recuperación total del *sacbé*, un contexto habitacional situado en las proximidades del *sacbé* y el Templo de las Siete Muñecas.

Trabajos recientes en la zona han permitido sacar a la luz uno de los edificios públicos escalonados más extenso del área maya, con 130 metros de largo; un taller de obsidiana y edificios habitacionales que ocupó la gente de menor rango.

Entre el año 600 y 830 d.C. Dzibilchaltún se convirtió en ciudad, es decir, en un asentamiento de gran extensión y densa población.

Del 830 al 900 d.C. la ciudad alcanzó su extensión máxima, con cerca de 20,000 habitantes. Los edificios abovedados se encontraron en el núcleo de la zona y algunos muestran un estilo arquitectónico nuevo y sofisticado de "mosaicos de recubrimiento" hechos con piedras bien labradas, cuadradas y semi espigadas, en contraposición a la técnica empleada inicialmente en el sitio que se conoce como "mampostería verdadera".

Del 1000 al 1200 a.c. con el predominio de Chichén Itzá en el norte, se agudizó el colapso de diversos sitios. En Dzibilchaltún disminuyó la construcción de edificios, y la población se redujo quizás hasta en un diez por ciento en comparación con la que tuvo durante su apogeo. El lugar vivió su decadencia definitiva en el Periodo Posclásico.

Tulum

Tulum, que quiere decir "muralla" en lengua maya, es el nombre moderno de la ciudad de Zamá, que significa "salida del Sol". Está construida sobre un acantilado que cae hacia el mar, cerca de Chetumal, en lo que hoy es el estado de Quintana Roo, en el sureste mexicano, a unos 160 kilómetros al sur de Cancún. Por los demás lados, la ciudad está protegida por un ancho muro de seis metros de alto, del cual le viene su nombre.

La ciudad es tan magnífica que los primeros españoles en conocerla la consideraron más bella que Sevilla. La arquitectura de Tulum es más práctica que elegante. En el interior de las murallas se encuentran los templos y habitaciones señoriales, entre los que destacan El Castillo, La Atalaya, el Templo de los Frescos y el Templo del Dios Descendente.

El fuerte fue construido como una ciudad funcional pero sin tanto énfasis en el arte. Si bien la ciudad estaba en su mayor parte decorada con frescos y esculturas de barro, la verdadera belleza de Tulum se encuentra en su ubicación, situada sobre blancas playas y con una hermosa vista al mar.

La estructura principal de la ciudad es El Castillo, una grandiosa estructura aunque no muy artística. Las sólidas construcciones y fuertes muros, le confieren a Tulum esa especial combinación de templo y fortaleza. Directamente frente al Castillo, se puede encontrar el Templo de los Frescos donde los frescos de pared a pared, de cierta manera, han sobrevivido a los embates del tiempo.

Tulum alcanzó su mayor esplendor en el año 1200 d.C. y seguía floreciente a la llegada de los españoles. Debe haber sido un punto importante en el sistema de puertos y abrigos que tenían los mayas para su navegación comercial. Estos refugios marítimos, señalados con faros, constituían, junto con los *sacbés* o "caminos blancos", el corazón de las vías de comunicación que mantenían los mayas en toda la península de Yucatán.

Uxmal

Uxmal fue una de las ciudades mayas más grandes. La ciudad fue construida entre el quinto y sexto siglo d.C., las evidencias arqueológicas muestran que el área ya estaba habitada en el año 800 d.C. y era una zona agrícola. Es la ciudad más importante de estilo Puuc, llamado así por las muy modestas elevaciones a las que los yucatecos denominaban la "sierra" Puuc. La ciudad no muestra rasgos de otras arquitecturas, lo cual es muy extraño debido a la expansión de varias culturas en esta zona.

La parte inferior de los edificios de Uxmal es lisa, y la superior, muy decorada con elaborados mosaicos de piedra caliza y mascarones que representan a Chac, dios de la lluvia. Las construcciones en Uxmal son de grandes proporciones, pero no muy altas, lo que hace un sobrio y elegante conjunto de colores suaves que se confunden con el entorno.

El edificio más grande de la ciudad es la Pirámide del Adivino, aunque en realidad no es una pirámide pues está construida sobre un gran basamento de forma casi elíptica y no cuadrada. La estructura de nueve niveles tiene 38 metros de altura con las escaleras protegidas por hileras de mascarones, en una inclinación de 60 grados. Presenta ornatos en forma de máscaras, aves y flores. La estructura es alta y delgada, la vista desde la parte superior es increíble.

Hacia el lado oeste, se puede observar el Cuadrángulo de las Monjas, nombrado así por el historiador español Fray Diego Lopez de Cogullado porque le recordaba un viejo monasterio europeo. Es un bellísimo conjunto formado por cuatro largos palacios agrupados en torno a un patio de unos 80 metros de largo por 70 de ancho. Para entrar a él se pasa bajo un arco maya situado a la mitad del lado sur del conjunto. El palacio que cierra el lado sur está elevado sobre una terraza de 6 metros de altura, a la cual se llega por una amplia escalinata. Se cree que el Cuadrángulo de las Monjas era una academia militar o tal vez una escuela para niños de clase alta.

Las fachadas de los edificios que delimitan el cuadrángulo se encuentran decoradas con elaboradas representaciones de chozas mayas, rectángulos y mascarones de Chac, y llevan superpuestos otros adornos como grecas, celosías, pequeñas columnas, figuras humanas, pájaros y monos.

Al suroeste de la pirámide se puede observar el Palacio del Gobernador, la más elegante de todas las construcciones. Está construido sobre una plataforma escalonada, dividida en tres secciones. Los muros están coronados por una cornisa en forma de nudo, con una serpiente que enseña sus cabezas en cada una de las esquinas. Sobre ella presiden cinco mascarones de Chac, sobrepuestos en los ángulos de cada sección.

El Palacio del Gobernador también refleja las habilidades astronómicas de los mayas, ya que su puerta está alineada perfectamente frente a Venus. El fino trabajo en piedra y la fachada de mosaicos con una longitud de 110 metros, hace de la construcción una joya arquitectónica.

A un extremo de la terraza del Palacio del Gobernador está la Casa de las Tortugas, de planta regular, con una fachada sencilla, un friso de columnas pequeñas limitado por adornos en forma de ataduras, y una serie de tortugas de piedra empotradas de techo a techo en la parte superior.

Uxmal también tiene una corte de juego de pelota ahora restaurada, aunque ésta es un poco mas sencilla que las de otros sitios arqueológicos. Es importante notar las enormes cisternas que surtían a la ciudad de agua potable, ya que Uxmal fue construida en una región muy árida de la península de Yucatán, lejos de ríos, manantiales o pozos. Para recolectar el preciado liquido, en la ciudad fueron edificadas estas grandes cisternas, así podían capturar el agua de la lluvia. Otros sitios arqueológicos cerca de Uxmal, aunque de menor tamaño fueron, Kabah, Sayil, Xlapak y Labná, todos ellos bajo la influencia territorial de Uxmal.

Kabah

Dentro de la zona Puuc, Kabah es una de las ciudades mayas de más fácil acceso actualmente, ya que está localizada sobre el borde de la llamada Carretera de las Pirámides que va de Campeche hacia Mérida. Está unida a Uxmal, capital de la que dependía políticamente, por 18 kilómetros de *sacbé*, o camino blanco maya. Alcanzó su apogeo entre los años 800 y 900 d.C., aunque su historia es mucho más amplia que este breve periodo.

Los mayas inventaron su propia bóveda de piedras saledizas, llamada también bóveda maya, o bóveda falsa. En Kabah se pueden apreciar hoy en día muchos detalles constructivos en donde vemos cómo los antiguos ingenieros resolvieron el problema del sostén de techos, puertas y ventanas en sus edificios.

Chac, el dios de la lluvia, del clima y de la gran nariz, aparece en Kabah como principal motivo decorativo. Tenemos que recordar la gran importancia que tenían para los mayas el clima, las estaciones y la lluvia. El cultivo del maíz, al cual consideraban como un dios, es lo que los distinguía de los pueblos nómadas, cazadores y recolectores. Chac era una deidad muy importante para los mayas por este motivo, los arquitectos de Kabah usaron grecas, columnatas y capiteles falsos para adornar los muros de la ciudad.

Sayil y Labná

Cerca de Kabah, las ciudades de Sayil y Labná completan, junto con Uxmal, el cuadro de lo que es la arquitectura maya conocida como estilo Puuc. Esta zona se desarrolló a principios del siglo VIII de nuestra era, cuando ya las ciudades de las tierras bajas estaban en plena decadencia o habían sido abandonadas.

Arco de Labná

En medio de la densa selva tropical guatemalteca, en el departamento de El Petén, floreció Sayil, la más grande de todas las ciudades mayas de la antigüedad. Su desarrollo constructivo abarca más de 1,200 años, desde el siglo III antes de Cristo, hasta el siglo IX de nuestros días. En su arquitectura son característicos los altos templos y palacios, a veces de varios pisos, coronados por cresterías adornadas, así como los dinteles finamente labrados.

El pequeño centro de Sayil tiene como atracción principal un par de edificios adornados al estilo Puuc. El Mirador, así llamado por las ventanas aparentes que presenta en su parte superior, pudiera haber servido para funciones de observatorio astronómico.

Lo que da merecida fama a la ciudad de Labná es su gran arco maya, que une dos cuadrángulos, y que es lo primero que el afortunado visitante ve cuando llega a la ciudad.

Al fondo de la explanada ceremonial, el Edificio de las Columnas tiene todavía, a través de la techumbre, acceso al *chultún,* o depósito subterráneo, que proveía de agua a la ciudad. Las familias mayas que habitan hoy la zona suben al edificio para extraer el precioso líquido que usan para su consumo y baño diario.

Edzná

En el valle de Edzná, en el estado de Campeche, se encuentra una de las ciudades mayas más interesantes, por los adelantos tecnológicos descubiertos en ella.

Debido al tipo de suelo, el valle se inunda en temporada de lluvias y conserva una alta humedad casi todo el año. Para remediar este inconveniente, los mayas desarrollaron un avanzado sistema de obras hidráulicas: una red de canales drenaba el valle y el agua era conducida hacia una laguna, que fue transformada en represa mediante muros de contención, a la vez que otros canales servían para irrigar los campos. Esto propició un grado óptimo de humedad en la tierra para el cultivo intensivo, en tanto que los canales proporcionaban abundante pesca, además de ser usados como vías de comunicación y en algunos casos servir como defensa.

Las plazas tenían un magnífico sistema de desagüe y el agua de la lluvia llegaba a depósitos artificiales llamados *"chultunes".*

Edzná contaba con numerosos edificios religiosos, administrativos y habitacionales distribuidos en una superficie de 206 kilómetros cuadrados.

En el conjunto central o Gran Acrópolis, destaca el Templo-palacio, que está formado por un basamento piramidal escalonado de cinco cuerpos que tienen hacia el exterior numerosas habitaciones, y una construcción en la parte superior que constituye el templo propiamente dicho. La planta del santuario tiene forma de cruz y su techo conserva remates de crestería, alguna vez decorada con figuras moldeadas en estuco.

Sumamente interesante es la escalera de este edificio, ya que sus peldaños tienen grabado un texto jeroglífico, quizás relacionado con la historia de la ciudad, donde se ha podido descifrar la fecha 652 d.C. Asimismo, la gran plaza estaba decorada con estelas labradas dedicadas a sus dioses, a sus gobernantes y a conmemorar eventos importantes de su vida política y religiosa.

El valle de Edzná fue habitado desde una época muy temprana, pero como sucedió en casi todas las ciudades mayas alcanzó su máximo esplendor hacia el año 1000 de nuestra era, cuando todos los majestuosos edificios estaban en uso.

Bonampak

Bonampak se ubica en la selva lacandona de Chiapas, en el valle del río Lacanhá. Las principales edificaciones se construyeron sobre una cadena de colinas que corren por el centro del valle, desde la sierra de la Cojolita hasta la orilla del río. Los visitantes pueden conocer la Gran Plaza y la Acrópolis que cierra Bonampak por el sur, ya que ahí se encuentra el célebre edificio con las pinturas murales que han hecho famoso al lugar.

Los materiales arqueológicos más antiguos recuperados en Bonampak se remontan al inicio del Periodo Clásico, época en la que el sitio adquirió importancia.

El primer gobernante de Bonampak del que se tiene noticia, ha sido denominado "Pájaro Jaguar".

Los primeros monumentos encontrados en Bonampak se refieren a un personaje conocido como "Cara de Pez" quien gobernó hacia finales del siglo V. Lamentablemente esos monumentos con inscripciones se encuentran fuera del país.

Murales de Bonampak

Los siguientes gobernantes de Bonampak mencionados en las inscripciones son: "Jaguar Ojo-anudado" (516 d.C.), "Chaan Muan I" (603 d.C.) y "Ahau" (683 d.C.); sin embargo, hay grandes lagunas históricas debido a que el sitio no ha sido debidamente explorado.

Hacia el año 746 d.C. los habitantes de las ciudades de Bonampak y Yaxchilán, habían derrotado a los de la cercana ciudad de Lacanhá. El mayor esplendor de Bonampak ocurrió bajo el gobierno de Jaguar-anudado II, quien subió al trono en en el año 743 d.C.; sus conquistas se conmemoran en el dintel 3 del Edificio de las Pinturas.

El último gobernante hasta ahora conocido de Bonampak fue Chaan Muan II, su ascenso al trono fue en el año 776 d.C. En el año 787 d.C., Chaan Muan II capturó a un importante enemigo llamado "Ah-5-calavera", evento que se plasmó en el dintel 1 del Edificio de las Pinturas; sus últimos actos están representados en las pinturas de dicho edificio. En las imágenes presenta a su hijo como heredero al trono; además de los preparativos para una batalla, eventos que se acompañan de autosacrificios propiciatorios por la familia gobernante.

También se muestra el acontecer de la batalla, donde se obtenían cautivos, los cuales eran sacrificados en una fastuosa ceremonia que era acompañada de danzas y nuevos sacrificios. Todos estos acontecimientos sucedieron en un lapso que va de 790 a 792 d.C. y marcan los últimos hechos y el fin del linaje de los señores de Bonampak, después de ello la ciudad quedó abandonada en la selva por casi doce siglos.

Palenque

La ciudad de Palenque se encuentra situada en el norte de la sierra de Chiapas, sobre una meseta que se extiende sobre la llanura. Con excepción de Comalcalco, es la más occidental de las ciudades mayas. Los primeros vestigios de Palenque remontan su fundación al siglo IV d.C., aunque la ciudad alcanzó su apogeo entre los siglos VII y VIII, en pleno Periodo Clásico.

Los techos de los edificios de Palenque siguen el contorno de la bóveda falsa, o bóveda maya, por lo que su silueta recuerda la de las chozas de paja que todavía hoy en día albergan a muchas familias mayas. Son comunes las cresterías como adorno de edificios, y sobre todo, las finísimas decoraciones de estuco, muy características de esta ciudad.

Otra interesante edificación del lugar es el Palacio, el cual está construido sobre una gigantesca plataforma en forma de trapecio, de 100 por 75 metros, y una altura que varía para compensar las irregularidades del terreno. Se han encontrado en este edificio baños de vapor y cañerías de agua, por lo que se piensa que fungió en su tiempo como vivienda.

La torre del Palacio, que pudo haber servido de observatorio o atalaya, le proporciona un perfil muy característico a Palenque, aunque se piensa que tal vez la forma original no corresponde a la que presenta hoy después de su reconstrucción.

La decoración en relieve, moldeada en estuco, alcanzó un alto grado de perfección en Palenque. El estuco era una fina pasta de cal con poca arena que se aplicaba sobre un soporte de piedra adosado al muro, los techos o las cresterías. En muchos casos, los muros interiores se cubrían de una capa de estuco que posteriormente era pintada.

Uno de los ejemplos más espectaculares de la escultura en estuco de Palenque lo constituye la representación del dios de la muerte, de un realismo y dramatismo admirables. Otra muestra de esta decoración se encuentra en una de las habitaciones del Palacio, en donde aparece el rostro de un sacerdote con estrabismo modelado con todo detalle.

Dentro del mismo palacio se puede apreciar una serie de escalones adornados con glifos y numerales mayas. El tamaño y la perfección en la ejecución de estas figuras destacan de entre el resto de las maravillas que encierra este soberbio edificio.

Por sobradas razones el Templo de las Inscripciones, llamado así por los textos que se observan en sus paredes, es la edificación más notable de Palenque. La pirámide que lo sostiene es en parte una colina natural, la cual fue modelada como una pirámide escalonada de nueve cuerpos. El templo tiene un techo de tipo mansarda con su crestería abierta, está dirigido hacia el norte y consta de dos cámaras: la primera es un pórtico con cinco entradas separadas por seis pilastras con figuras modeladas en estuco a manera de decoración. La segunda cámara es un cuarto central y dos laterales. Los pisos están formados con losas de piedra calcárea, una de las cuales tiene dos hileras de agujeros con tapones; ella abre el acceso a una escalera interior abovedada que lleva al centro de la pirámide.

Hasta ahora no se ha encontrado en todo el continente americano un sepulcro prehispánico equivalente, en magnificencia, al del Templo de las Inscripciones de Palenque. En ningún sitio arqueológico americano se ha descubierto un sarcófago del tamaño y suntuosidad del que contiene la cámara funeraria del Templo de las Inscripciones.

La tumba corresponde al rey Pacal, o "Escudo Solar", quien gobernó Palenque en la época de su máximo esplendor. A decir verdad, no se sabe en realidad cómo se llamó el gobernante enterrado en esa gran sepultura. Se le ha denominado Woxoc Ahau u Ocho Ahau (Ruz), porque ése fue el día de su nacimiento, según el calendario ritual; Escudo Solar (Kluber) y Pacal (Schele y Mathews) porque su glifo nominal es un escudo, que en lengua maya yucateca se dice *pacal*. Lo que sí se sabe es que fue el señor más importante de Palenque; él y su hijo mayor, Chan Bahlum (Jaguar-Serpiente), que vivieron en el siglo VII fueron los autores de la histografía de la ciudad de Palenque.

En 1994 se descubrió en el Templo XIII de Palenque otra tumba de gran riqueza e importancia, en la que se encontraron los restos óseos de un individuo alto, de sexo femenino y complexión robusta. Desafortunadamente en este caso la lápida del sarcófago de 2.40 m de largo por 1.18 de ancho y 0.8 de grosor, carece de decoración. Por lo que hasta el momento no se pueden hacer más que conjeturas sobre la identidad del personaje enterrado allí. Debido al color rojo encontrado en el lugar se ha dado en llamar la tumba de la Reina Roja.

Toniná

La etimología de Toniná significa "Casas Grandes de Piedra", el apogeo de esta zona arqueológica maya data de finales del siglo VI y principios del siglo X, de tal forma que hacia el año 900 se convirtió en la acrópolis de mayores dimensiones del México neolítico.

El espacio sagrado de Toniná, en las montañas de Chiapas, es uno de los lugares donde se manifiestan los efectos del poder de una manera espectacular, sobre una estructura piramidal que se montó sobre el remate de una cordillera que, llena de árboles, serpentea por el norte del valle de Ocosingo. Aquí se formó un enorme laberinto de templos, palacios y escalinatas que se fueron encimando durante mas de mil años de actividad constructiva. De las siete plataformas que constituyen la gran pirámide, sobresalen: la tercera, en la que se encuentra el Palacio del

Inframundo; la cuarta, en la que se halla el Palacio de las Grecas y la Guerra; la sexta, en la que se ubica el mural de los cuatro soles, que es una especie de códice hecho en estuco y representa el mito de las cuatro eras cosmogónicas; y por último, la séptima, sobre la que se levantan el Templo de los prisioneros y el Templo del espejo humeante, el principal en el punto más elevado del conjunto, el más alto de Mesoamérica.

Entre las esculturas de mayor relevancia halladas en Toniná se encuentran las de su último gobernante: Tzots Choj, y recientemente, la del conquistador de Palenque y Señor de Bonampak llamado "Jaguar Sobrenatural".

Yaxchilán

Yaxchilán es el prototipo de una ciudad perdida en la selva; localizada al margen izquierdo de un caprichoso meandro del Usumacinta, se encuentra elevada más de diez metros sobre el nivel medio del río, ocupando una posición central en la Selva Lacandona. Su origen se remonta a unos dos mil años, cuando un grupo de hombres se establecieron formando una aldea que, al paso de los siglos, se transformó en una de las ciudades más bellas y poderosas de la cuenca del Usumacinta, y que tuvo su máximo esplendor entre los años 550-900 d.C. correspondiente al periodo Clásico Tardío.

Su distribución arquitectónica se adapta a las características del terreno y a la presencia del río, ya que los edificios se extienden de Este a Oeste sobre una amplia plaza limitada al sur por una serie de elevaciones que sirven de asiento a las construcciones.

La superficie de la ciudad es muy extensa pero su visita se restringe actualmente a una parte de la Gran Plaza, la Gran Acrópolis, la Acrópolis Pequeña y la Acrópolis Sur. A la Gran Plaza se accede a través del Edificio 19, conocido también como el Laberinto, a causa de la compleja distribución de sus cuartos. En varias de las construcciones se encuentran todavía los dinteles que narran la historia dinástica de la ciudad.

Sobresalen los dinteles de los Edificios 12 y 22. La emoción acompaña el ascenso por la escalinata que comunica a la Gran Plaza con la Gran Acrópolis, presidida por el magnífico Edificio 33, el más soberbio de la ciudad. La crestería, su escalera jeroglífica, los dinteles y la escultura decapitada del Pájaro Jaguar IV en su interior, son sus características más sobresalientes.

Por senderos cortados a través de la selva, se llega a la Acrópolis Sur y a la Acrópolis Pequeña. En la primera, dentro del Edificio 40, hay restos de pintura mural. Dos plazas integran la Acrópolis Pequeña, entre las que destacan por sus inscripciones, los Edificios 42 y 44.

Se piensa que la ciudad cobró importancia a partir del gobierno de Cráneo-Mahk'ina I, señor de Yaxchilán alrededor del año 410 d.C. Para ese momento Tikal dominaba aún la región; Yaxchilán era, antes de que se consolidara Piedras Negras, puerto de la región de Palenque. Los investigadores creen que es probable que con el ascenso de Cráneo-Mahk'ina II al trono de Yaxchilán (en 526 d.C.) la ciudad se convirtiera en capital regional, como lo denota la presencia de su glifo emblema en otras localidades, además de ejercer cierta influencia política en otros sitios como El Chicozapote, y La Pasadita.

Alrededor del año 600 d.c. se observa en la región una marcada interrupción en la erección de estelas, debido, probablemente, a un periodo de inestabilidad política. El registro de gobernantes en Yaxchilán se reanuda hasta 630 d.C., fecha en que Pájaro-Jaguar III gobernaba el sitio. Su hijo, Escudo Jaguar I, quien ascendió al trono en 681 d.C., comenzó la expansión más importante sobre la región.

Su reinado se caracterizó por la constante pugna con otras ciudades, a las que mantuvo bajo su dirección. Con la muerte de Escudo-Jaguar I (hacia 742 d.C.) se inició un periodo sin gobierno de, aparentemente, 10 años, en los que, al parecer, su esposa asumió el gobierno.

Su hijo Pájaro-Jaguar IV fue el siguiente gobernante y fue durante su régimen cuando Yaxchilán alcanzó su fisonomía y consolidó su hegemonía. Una leyenda lacandona cuenta que cuando la cabeza de Pájaro Jaguar vuelva a su sitio, el mundo será devastado por los jaguares celestes.

El último registro de la dinastía de los gobernantes de Yaxchilán se consigna en el dintel 10, cuya fecha más tardía es alrededor del 808 d.C. En este monumento aparece el gobernante Mahk'ina-Cráneo III, quien, al parecer, fue hijo de Escudo-Jaguar II.

Kaminaljuyú

La ciudad de Kaminaljuyú, palabra de origen quiche que significa "Cerro de los Muertos", pues en el sitio se han encontrado múltiples entierros mayas, así como objetos de cerámica y piedra. Se encuentra localizada en Guatemala.

Kaminaljuyu tuvo su centro de mayor importancia en un área de alrededor de seis kilómetros cuadrados. La ubicación estratégica del sitio hizo de la ciudad un auténtico centro de comercio, pues por él pasaban todas las personas que se movilizaban tanto hacia el norte —Tikal y Copán— como hacia el sur.

Kaminaljuyu era un auténtico centro financiero, donde se intercambiaban productos de todo tipo. En Kaminaljuyu se adquirían jade, cuchillos y navajas de obsidiana, objetos de basalto y piedras para moler maíz y cacao, a cambio, recibían sal, cacao, conchas, caracoles, estrellas de mar y concha nácar.

El lago de Miraflores, también conocido como laguna de los Tiestos, convirtió a Kaminaljuyu en un auténtico polo de desarrollo. Cada vez más gente iba a vivir a ese sitio, pues la tierra era fértil y la comida abundante. "Se cultivaba maíz, frijol, aguacate, calabaza y hierbas, como chipilín y epazote", explica Valdés.

Así, para el 700 a.C. la ciudad estaba en pleno apogeo, y para el 200 a.C. era totalmente cosmopolita. En esos días, la ciudad se regía por un gobierno centralizado, el cual cada vez quería ganar más terreno y poderío, y conservar el control de las redes de intercambio comercial.

Posteriormente debido a pugnas internas y a la excesiva concentración demográfica del lugar, la población empezó a disminuir y el alimento a agotarse. Kaminaljuyu desapareció por completo alrededor del año 900 d.C.

Tikal

La gran explanada ceremonial de Tikal contiene tres grandes plataformas, sobre las que están construidos los

edificios piramidales tan comunes en las antiguas ciudades mayas. Por el norte de la gran plaza, una de estas
plataformas delimita el área. Diez basamentos piramidales
están construidos sobre ella, distribuidos en forma simé-
trica al oriente y al poniente de su eje central. Hacia el
centro de la plaza, y también hacia el sur, otras enormes
plataformas cumplen la misma función, para dar al conjunto una majestuosidad única. Los edificios, vistos a la
distancia, parecen salir de entre la espesura de la selva
tropical.

Los templos que emergen airosos de la selva, con sus
paredes casi verticales, tienen la base moldeada y las esquinas compuestas, para acentuar aún más la impresión
de altura. Sobre los muros posteriores se aprecian las típi-
cas cresterías de Tikal. Las escaleras suben por el frente y
no tienen ningún punto de apoyo en los costados, lo cual
imprime una sensación de mayor verticalidad todavía al
cuerpo del edificio.

Muchos de los palacios contienen una o dos hileras de
habitaciones, en un solo piso, pero en Tikal también son
comunes los edificios de dos, tres y hasta cinco pisos. El
énfasis puesto en la altura y la verticalidad le da un toque
imponente a la ciudad. Tal parece que los constructores
querían acercarse al cielo y a sus dioses de esta manera, y
para hacerlo, levantaron los edificios más altos de la América antigua. Uno de los templos de Tikal alcanza los 70
metros de altura.

En esta ciudad existen muchas estelas, hasta hoy se
han encontrado más de 80, una cuarta parte de ellas labradas con bajorrelieves que representan personajes,
figuras, glifos y fechas de la "cuenta larga". Se han encontrado también varias estelas lisas, las cuales es posible

hayan estado pintadas anteriormente y desafortunadamente el paso implacable del tiempo haya borrado los
mensajes conmemorativos que pudieran haber estado escritos sobre ellas.

Belice

El pequeño país de Belice alberga un destacado patrimo-
nio de templos y palacios mayas. Durante el Periodo
Clásico (250 d.C. a 900 d.C.) su población rebasaba el mi-
llón de habitantes, y se piensa que era una zona importante
de la cultura maya en ese tiempo. Actualmente existe una
significativa población de descendientes de los antiguos
mayas viviendo en muchas aldeas pequeñas.

Algunas de las ciudades mayas más importantes loca-
lizadas en Belice son: Altun-Ha, Caracol, Cerros, Lamanai,
Lubaatun y Xunantunich.

Altun-Ha

La ruina de Altun Ha "Agua de la Roca" está situada cerca del pueblo de Rockstone Pond en el Distrito de Belice.
La entrada al sitio está a aproximadamente a 1.6 kilómetros del Km. 51.5 de la vieja carretera al Norte. Aunque
no hay transporte público hacia la ruina, existen varias
agencias de viajes que pueden proveer dicho servicio.

Altun Ha, el lugar más extensamente excavado en
Belice, fue un centro de ceremonias mayor durante el Periodo Clásico, también fue un centro comercial de vital
importancia que conectaba las costas del Caribe con otros
centros mayas en el interior. El sitio consiste de dos plazas
principales con unos 13 templos y estructuras residencia-
les.

La "Cabeza de Jade" que representa al dios del Sol, *Kinich Ahau*, es el hallazgo más importante del lugar, con aproximadamente 15.24 centímetros de altura y 4.42 kilogramos de peso, de hecho hasta el día de hoy aún es el objeto de jade excavado más grande de toda la región maya.

Caracol

El sitio arqueológico Caracol está situado en la Mesa Vaca del Distrito del Cayo. El Campamento del Caracol, adyacente a las ruinas, está situada aproximadamente en el kilómetro 74 de la carretera Chiquibul que conecta la carretera al oeste con las cuestas occidentales de las montañas Maya.

Caracol es uno de los sitios más inaccesibles en Belice, pero al mismo tiempo, provee uno de los paseos más escénicos del país. Hay que obtener permiso del Departamento de Arqueología, como también del Departamento Forestal, para poder visitar las ruinas.

Actualmente, en estado de excavación y restauración, Caracol es el centro maya más grande que se conoce en Belice. La pirámide más grande en Caracol, llamada *Canaa* "Lugar del Cielo" se eleva hacia los 42.67 metros y es la estructura más alta hecha por el hombre en todo Belice. Ya que Caracol está situada en la selva tropical de Chiquibul, hay una abundancia de flora y fauna que realza la verdadera belleza de este magnífico centro maya.

Xunantunich

Dominando el Río Mopán, la ruina de Xunantunich está situada aproximadamente a 12.87 kilómetros al oeste de la municipalidad de San Ignacio, en el pueblo de San José Succotz, en el Distrito del Cayo.

Xunantunich fue un centro ceremonial mayor durante el Periodo Clásico. El sitio consta de seis plazas mayores, rodeadas por más de 25 templos y palacios. La estructura más prominente, localizada al final en el sur, es la pirámide del Castillo, que está 39.62 metros arriba de la plaza. El Castillo fue la estructura más alta hecha por el hombre en todo Belice, hasta el descubrimiento de Canaa en Caracol. La característica más notable del Castillo es el friso del lado Este del templo inferior.

Copán

Copán se encuentra ubicado en el occidente de Honduras. Su mejor acceso es por la ciudad de San Pedro Sula en el norte del país.

El sitio consta de cuatro áreas básicas de interés: el Parque o Cancha de Pelota, considerado como el centro social de la ciudad y el mas artístico de toda Mesoamérica; La Gran Plaza, famosa por la gran difusión de estelas y altares erigidos en su mayoría por el gobernante 18 Conejo; La Escalinata Jeroglífica, la cual nos muestra el texto más largo que nos dejó como legado esta gran civilización; y La Acrópolis, la cual se divide a su vez en dos grandes plazas: la oriental y la occidental.

La entrada al parque arqueológico se realiza siguiendo un largo paseo flanqueado por árboles, que lleva a la Gran Plaza, explanada con hierba en cuyo centro hay una pirámide y varias altas estelas. La mayoría de los jeroglíficos y esculturas de las estelas y altares hace referencia a 18-Conejo, una de las figuras más importantes de Copán.

El centro del poder real, la Acrópolis, es un conjunto de voluminosas estructuras piramidales. En este lugar, la subestructura más impresionante descubierta es el Templo Rosalila. Más abajo se encuentra el Templo Margarita, rica fuente de datos sobre los enigmáticos primeros años de la dinastía de Copán.

A buena distancia de la Gran Plaza y de la Acrópolis se encuentra la zona habitacional de Las Sepulturas. Las excavaciones realizadas en estos edificios de poca alzada han proporcionado detalles acerca de la vida doméstica de los habitantes; además, se tienen pruebas de que el sitio estuvo ocupado durante unos dos mil años.

Como hemos visto, los mayas escribían todo acerca de los importantes sucesos históricos y, de la vida y hazañas de sus reyes, labrando sus efigies en estelas.

Lo anterior se puede comprobar claramente en el Altar Q, situado en el patio occidental de la Acrópolis de Copán. Este enorme bloque cuadrangular de piedra tiene esculpidos 16 hombres sentados (cuatro por lado). En un principio, se pensó que se trataba de una reunión de astrónomos mayas. Sin embargo, recientes descubrimientos indican que las figuras representan a miembros de una dinastía de dieciséis reyes, cuyo gobierno abarcó casi cuatro siglos, entre el 426 y el 820, aproximadamente, de nuestra era (Periodo Clásico).

Conocemos poco del tramo anterior de esta secuencia dinástica, ya que la información se perdió quizá por la costumbre maya de derribar los edificios viejos y levantar otros nuevos sobre ellos. En Copán se han descubierto ocho de esos templos, cada uno construido sobre las ruinas del precedente. Se sabe ahora, no obstante, que hacia el 426 d.C. gobernó el venerado rey Yax Kuk Mo (Quetzal

Guacamaya), según refieren monumentos erigidos siglos después, al que siguieron dieciséis de su descendientes. La estirpe concluyó con la muerte de Yax Pac, "Primer Amanecer", quien construyó el Altar Q. Las estelas, así como la mayoría de las demás esculturas y los edificios, fueron levantadas para conmemorar los reinados de estos monarcas.

Copán puede presumir, además, de poseer el texto labrado más largo de América: la famosa Escalera Jeroglífica. Muchos de los peldaños se han caído y sólo una porción de los más de mil doscientos cincuenta bloques de piedra esculpida fueron hallados en su posición original. Pero se ha conseguido ordenar los suficientes para saber que la escalera fue construida por Humo Concha a fin de conmemorar las vidas de sus antepasados.

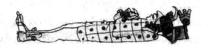

La desaparición del
imperio maya

Uno de los misterios que más han fascinado a los estudiosos del mundo precolombino es la desaparición de la civilización maya. Su decadencia ha permanecido en el misterio entre los diferentes investigadores que han estudiado la extinción de esta cultura tan avanzada. Para explicarla, los especialistas han invocado las razones más variadas.

De momento puede ser útil referirse a las fases de esta decadencia, que estuvo acompañada de algunos destellos finales, como si los pueblos que habían perseguido un destino tan glorioso, dejando a su paso fabulosos vestigios, hubieran intentado aplazar su fatídico final.

La ciudad de Iximché, fundada en el siglo XV por la tribu de los *cakchiquels* del alto Guatemala, está entre los testimonios de la época final. Destruida por el español Pedro de Alvarado hacia 1524, se trata, como en el caso de Tulum, de uno de los últimos destellos de la civilización maya. Seis siglos antes, las metrópolis clásicas ya habían empezado a desaparecer, o bien bajo el empuje de las selvas tropicales, o bien bajo la presión de nuevas poblaciones bárbaras que asolaban los centros de los pueblos sedentarios ya en decadencia. Lentamente el olvido se fue adueñando de esos lugares antaño tan gloriosos, y la vegetación los fue invadiendo hasta sepultarlos por completo bajo un sudario verde.

Cuando Grijalva divisó a los habitantes de las costas de Yucatán, hacía más de quinientos años que Tikal, Copán y Palenque se habían hundido bajo la selva, que de esa manera se había vuelto a adueñar de las tierras que antaño cultivaran los mayas.

La agonía de las metrópolis clásicas edificadas en las regiones de Petén, Belice, Honduras y Chiapas, se refleja en la interrupción repentina de las inscripciones: la datación de los monumentos va cesando en diferentes emplazamientos, sin que se conozca la razón.

Observamos que las estelas o los dinteles empiezan a escasear o desaparecer del todo a partir del año 790. La última fecha de Bonampak se remonta al año 795. En Palenque, indica 799; en Yaxchilán, 808; en Quirigua y Piedras Negras, 810; en Copán, 820; en Machaquila, 841; en Altar de Sacrificios, 849; en Tikal, 879; en Seibal, 889; en Chichén Itzá, 898; finalmente, Tonina presenta, el 909, la última fecha basada en la "cuenta larga".

Así, en poco más de un siglo, la brillante cultura de los mayas se detuvo. Las tradiciones cayeron en el olvido. Los pueblos entraron en declive uno detrás de otro.

¿Qué es lo que provocó esta decadencia? A esta pregunta, los arqueólogos e historiadores han tratado de contestar invocando epidemias, revueltas populares, inundaciones, o la implacable invasión de la selva. Han sugerido cambios climáticos, el abandono de las tierras y la falta de conservación de los canales de drenaje, lo cual pudiera haber provocado ataques masivos de malaria. También mencionan verdaderas revoluciones, consecuencia de la excesiva explotación de la mano de obra; las constantes guerras entre tribus, que acabaron por debilitar el poder central en las provincias; la cantidad de sacrificios humanos, que condujeron a la despoblación, y después al hambre, etcétera.

Todas estas causas son las que pueden haber llevado a la decadencia de los mayas. En efecto, es posible que se hayan juntado todas para provocar el cataclismo final. Pero la razón principal parece residir, una vez más, en los movimientos de población que se originaron en las inmensidades semidesérticas del norte de México. Estas tribus bárbaras obligaron a las "naciones" civilizadas a huir para evitar la destrucción.

Se observan, por ejemplo, desplazamientos de pueblos enteros, cuyas tribus –*pipiles, putunes, quichés, toltecas*– penetraron en territorio maya. Frente a estos nómadas poco civilizados y belicosos, la vieja sociedad autóctona, desorganizada y asolada, se derrumbó, a pesar de su indudable superioridad, ya que nada sustituía a sus instituciones. Por otra parte, una vez que los pueblos sedentarios huyeron ante los invasores, cabe suponer que la llegada al país maya de contingentes guerreros muy cultos produjera un último periodo de esplendor, como lo demuestra el apogeo de la ciudad "maya-tolteca" de Chichén Itzá.

Además de los desplazamientos provocados por las grandes invasiones citadas, se deben tomar en cuenta otros factores: por ejemplo, la influencia externa provocada por las corrientes comerciales que se establecieron en los siglos

IX y X con las nuevas rutas que recorrían América central. Así, por ejemplo, la aparición de la metalurgia del oro –contemporánea de la eclosión maya-tolteca– puso en duda los fundamentos del mundo maya. Este tipo de sucesos tuvieron que producir importantes transformaciones sociopolíticas que afectaron a las mismas bases religiosas y sociales de aquella sociedad. Pudieron ser causa de cambios sustanciales, como consecuencia de los cuales se minaron las estructuras estatales, espirituales y morales, poniendo en un predicamento los factores de cohesión del mundo maya. Como observamos, las causas de la decadencia pudieron ser múltiples, por lo que es difícil optar por una hipótesis u otra a la hora de explicar la desaparición de esta civilización.

Recordemos también que los descendientes de los antiguos mayas, con los que se encontraran los españoles en los albores del siglo XVI, ya no tenían mucho en común con los astrónomos y constructores que fundaron los grandes centros urbanos de la selva virgen. Al parecer, estos pobladores ya no formaban parte de la cultura responsable –cinco siglos antes– del apogeo del mundo precolombino. Sólo unas pequeñas ciudades edificadas apresuradamente recordaban el esplendor de antaño. Respecto a los grandes edificios clásicos, subsistieron medio en ruinas, como esqueletos carcomidos por la vegetación, en lo que había sido la admirable manifestación urbana de la portentosa civilización maya. El abandono y el olvido habían echado sobre las capitales mayas su velo de decrepitud. Y poco a poco las raíces de los gigantescos árboles de la selva acabaron reventando los muros, las bóvedas y los palacios que habían sido habitados por los representantes de una brillante elite de sabios y artistas. 🜚

Índice

Introducción 5

Origen del pueblo maya 7

La zona maya 9

Periodos culturales 11

Dioses y religión 19

La pirámide social 27

La escritura maya 33

Las matemáticas 43

Astronomía maya 45

El calendario maya 49

Las esculturas 57

Las ciudades mayas 59

La desaparición del imperio maya 91

Impreso en los talleres de
Trabajos Manuales Escolares,
Oriente 142 No. 216
Col. Moctezuma 2a. Secc.
Tels. 5 784.18.11 y 5 784.11.44
México, D.F.